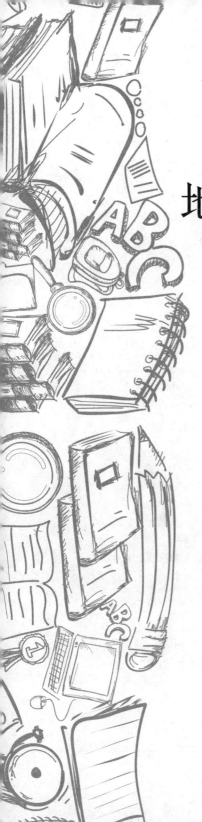

地球是什么样子的

刘清廷◎主编

时代出版传媒股份有限公司

安徽美术出版社

全国百佳图书出版单位

图书在版编目（CIP）数据

地球是什么样子的/刘清廷主编.—合肥：安徽美术出版社，
2013.3（2021.11重印）

（奇趣科学．玩转地理）

ISBN 978-7-5398-4244-8

Ⅰ.①地… Ⅱ.①刘… Ⅲ.①地表-青年读物②地表-
少年读物③地貌-青年读物④地貌-少年读物 Ⅳ.①P931-49

中国版本图书馆 CIP 数据核字（2013）第 044159 号

奇趣科学·玩转地理
地球是什么样子的

刘清廷 主编

出 版 人：王训海
责任编辑：张婷婷
责任校对：倪雯莹
封面设计：三棵树设计工作组
版式设计：李　超
责任印制：缪振光
出版发行：时代出版传媒股份有限公司
　　　　　安徽美术出版社（http://www.ahmscbs.com）
地　　址：合肥市政务文化新区翡翠路 1118 号出版传媒广场 14 层
邮　　编：230071
销售热线：0551-63533604　0551-63533690
印　　制：河北省三河市人民印务有限公司
开　　本：787mm×1092mm　　1/16　印　张：14
版　　次：2013 年 4 月第 1 版　2021 年 11 月第 3 次印刷
书　　号：ISBN 978-7-5398-4244-8
定　　价：42.00 元

从诞生最初的生命体到现在，地球上出现了许多生物，其中，也有一些生物灭绝了。在长长的生命历史中，人类的出现不过是最近的事情，那么，很久以前，谁住在地球上？地球又是什么样子的呢？

地球是人类赖以生存的家园。也许是因为它的庞大，也许是因为人类"身在此山中"的缘故，地球上有很多故事值得我们去探究和讲述。地球永远那么迷人，吸引人们去探索它的奥秘，寻找隐藏在一片片岩石之下的财富。本书以人类探索地球中的故事和地球百科知识为主要内容，涉及地球科学起源、地理地貌、自然景观、气候变化、人文风貌和环境保护，为你构筑一个了解和探索地球的立体世界，并从此获取关于地球奥秘的知识。在这里，你将看到地球是何等的奇妙，以及人类是如何一步步积累起丰富的地理学知识的。

CONTENTS
目录 地球是什么样子的

地球和宇宙

在浩瀚的宇宙中，地球就像是广阔原野上的一粒灰尘，但是它的形成和发展却经历了十分漫长的过程。随着地球上生命的诞生，这里才变成了一个生机勃勃的世界。人类出现以后，地球更闪现出智慧的光芒。这一章让我们来共同认识地球，了解地球，关爱地球！

⏩ 浩瀚的宇宙

地球是我们人类居住的地方。它有辽阔的面积，这样巨大的星球，在无边无际宇宙中却是一个小小的行星而已。

浩瀚的宇宙

宇宙从空间上说，是指太空的一切物质，包括日、月、星辰等，以及这些物质所占有的无限空间；从时间上说，宇宙不管向过去追溯多远，还是无限的过去，不管向未来探索多远，还是无限的未来，它是无始无终的。正如我国战国时代的尸佼所说的："天地四方曰宇，往古来今曰宙"。"宇"指无限的空间，"宙"指无限的时间。宇宙就是无限的空间和无限的时间的统一。

但是，自古以来，人类对宇宙的认识，却存在着唯物的、辩证的和唯心的、形而上学的两种互相对立的观点。最初，人们由于认识的局限，根据一些零碎不全的观测事实来想象宇宙的构造，将宇宙说成是一个天圆地方的大帐篷，后来随着人们视野的扩大，逐渐发现大地不是平面，而是球形的，宇宙就是地球，日月星辰是镶嵌在地球上的装饰

◀拓展阅读▶

银河系

银河系是太阳系所在的恒星系统，包括一千二百亿颗恒星和大量的星团、星云，还有各种类型的星际气体和星际尘埃。太阳位于银河一个支臂猎户臂上，至银河中心的距离大约是26000光年。

品，于是出现了地球中心说。在阶级社会中，统治阶级利用人们不可解释的自然现象，提出了有神论和种种唯心论的说法，用以愚弄人民，维护自己的统治。直到 16 世纪哥白尼的以太阳为中心的学说产生后，人们才认识到地球是绕日运行的一颗行星。由于当时各种条件的局限，他所谓的宇宙，仅是以太阳为中心的太阳系。哥白尼的这种学说动摇了神权对人类的统治，因此，遭到当时反动统治阶级的疯狂迫害。到了 18 世纪以后，随着生产斗争、科学实验的进展，人们对宇宙的认识，才越出了太阳系，扩展到银河系，再由银河系扩大到千千万万个银河系所组成的星系团、超星系团以至总星系。然而，不管总星系是多么巨大，它仍然是宇宙中的很小一部分。

宇宙是无边无际的，我们只能认识宇宙的局部构造。但是，随着人类生产和科学的发展，天文仪器的改进，对宇宙进行研究的范围必将无限地扩大，我们对宇宙的认识，也将一天比一天更为深远。

➡️ 繁多的恒星

宇宙是由物质构成的。宇宙间的物质构成了各种天体，如恒星、行星、彗星、流星等。在星星中绝大部分都是恒星，成双的恒星叫双星；恒星的集团叫星团；由大量的恒星组成的天体系统叫星系。

知识小链接

彗　星

彗星俗称"扫把星"，是太阳系中小天体之一，由冰冻物质和尘埃组成，当它靠近太阳时即可见。太阳的热使彗星物质蒸发，在冰核周围形成蒙眬的彗发和一条稀薄物质流构成的彗尾。由于太阳风的压力，彗尾总是指向背离太阳的方向。

恒星都是由炽热气体组成的发热放光的天体，它们都是大大小小的"太阳"。我们所看到的太阳就是一颗中等大小的恒星。由于我们居住的地球离它近，所以它显得特别明亮、巨大。其他的恒星离我们都非常遥远，其中有一颗叫比邻星，光从那里发出，大约要经过 4.2 光年，才能到达地球，其他的恒星离我们就更远了，所以我们看太阳以外的恒星，就都成了一颗颗闪闪发光的星点。

恒星世界

恒星顾名思义是恒定不动的星体。但这是不对的，恒星和所有的星体一样，都在永不停止地运动和变化着。不过由于恒星离我们非常遥远，我们不容易用肉眼观察到罢了。生活在北半球的人们是比较熟悉北斗七星的，北斗七星是由 7 颗明亮的恒星组成的斗勺图形，这仅是现在的图形，这种图形也是在不断地变化着。在 20 万年前北斗的"柄"，比现在长得多，北斗的"斗"，也不像"斗"，倒像把斧头；20 万年后北斗的"柄"，要比现在弯一些，北斗的"斗"，也不像"斗"，而好像一只汤匙了。随着科学技术的进步，目前，人们已经能够用测量仪器，测定一些恒星的变动了。

在无边无际的宇宙中，星星的总数是无限多的，谁也数不清。但是，在一定的范围内，星星还是可以数得清的。如在晴朗无月的夜晚，仰望天空，满天闪烁着星星，眼力最好的人也不过只看见 3000 颗左右，在全年内整个天空可看见的星星才有 6000 多颗。如果用普通望远镜观测，在全年内整个天空就可以看到 5 万颗以上的星星。随着望远镜口径的增大，露光时间越长能看见的星星就越多。

🔸 宏伟的银河系

在无月的晴天夜晚里，我们可以看到一条淡淡发光的白练横贯天空，犹如天上的一条长河，自古以来，它就被称为银河或是天河。其实，银河不是什么河，而是一个巨大的恒星集团，这个集团中包含着无数不同类型的恒星、气体和尘埃。因为它距离我们非常遥远，我们用肉眼分辨不出一颗颗单独的星，看到的只是一条白茫茫的亮带，在天文学上称为银河系。银河系几乎环绕整个天空，它的形状很像一个巨大的铁饼。银河系的直径约 10 万光年，边缘部分的厚度 3000～6000 光年，

银河系

中央部分的厚度约达 1.5 万光年。

银河系是庞大的、结构复杂的星系。在银河系中心部分，更密集着数不清的恒星。银河系里的星体，都在绕着银河系中心旋转，愈靠近中心的星体转得愈快。我们的太阳就是银河系中的一颗普通恒星，它距离银河系中心约有 2.35 万光年，以每秒约 280 千米的速度携带着太阳系全

> **趣味点击　　公 转**
>
> 　　地球在自转的同时还围绕太阳转动，地球环绕太阳转动称为地球公转。因为同地球一起环绕太阳的还有太阳系的其他天体，太阳是它们共有的中心天体。公转的方向也是自西向东的，公转一周的时间是一年。

体成员，围绕着银河系中心旋转。这样庞大的银河系，在宇宙中也只不过是一个很小部分，更不是绝无仅有的。就在这样众多的银河系中，由于物质内

部的矛盾和斗争，在物质之间的引力作用下，组成更高一级的体系，称为总星系。总星系的每一个成员也不是稳定不动的，它们也都环绕着总星系的质量中心公转。总星系是迄今为止我们已经观察到的恒星世界。但是，可以肯定地说，总星系也并不是宇宙中仅有的。随着科学技术的进步，我们一定会在总星系以外，发现新的恒星世界。

巨大的太阳系

太阳是银河系里离我们最近的一颗恒星。然而这个既大又重的太阳，在地球上看起来，却跟"盘子"差不多，这是因为太阳离地球的平均距离约有 1.5 亿千米。

在太阳周围有许多行星、彗星和流星等围绕着它运转。太阳连同围绕它运转的这些星体，组成一个系统，我们叫它为太阳系。太阳系就是以太阳为中心的天体组织。因为在太阳系的全部天体中，太阳的质量特别大，它

太阳系

相当于太阳系其他天体质量总和的 750 倍。

在太阳系里，有成千上万的其他星体围绕太阳运转，其中最大的有 8 颗行星，它们是水星、金星、地球、火星、木星、土星、天王星、海王星。在地球上，我们用肉眼只能看到水星、金星、火星、木星和土星，其他几颗行星因离我们较远，用肉眼看不到。这些行星本身都不发光，我们所以能够看见它们，是它们反射太阳光的缘故。由于它们不停地绕太阳运转，所以都称它们为行星。

对八大行星，根据它们的各种特性进行比较，大致可分为两大类型：

一类是离太阳较近的水星、金星、地球和火星，称"类地行星"。它们的特征是，体积小、质量小、密度大、自转慢、卫星少（总共只有 3 颗），表面温度高。一类是离太阳较远的木星、土星、天王星、海王星，称"类木行星"。它们的特征是体积大、质量大、密度小、自转快、卫星多，表面温度低。

知识小链接

自 转

　　自转是指物体自行旋转的运动，物体会沿着一条穿越身体本身的假想轴进行旋转，这条轴被称为"自转轴"。一般而言，自转轴都会穿越天体的质心。凡卫星、行星、恒星、星系绕着自己的轴心转动，地球自转是地球沿着一根地心的轴（自转轴，也叫地轴）做圆周运动。

广角镜

大气层

　　大气层又叫大气圈，地球就被这一层很厚的大气层包围着。大气层的成分主要有氮气，占 78.1%；氧气，占 20.9%；氩气，占 0.93%；还有少量的二氧化碳和稀有气体（氦气、氖气、氪气、氙气、氡气）。大气层的空气密度随高度而减小，越高空气越稀薄。大气层的厚度大约在 1000 千米以上，但没有明显的界限。整个大气层随高度不同表现出不同的特点，分为对流层、平流层、中间层、暖层和散逸层，再往上面就是星际空间了。

太阳系里除八大行星以外，还有若干小行星，目前已发现的有 1600 多颗，它们是和地球、火星等一样的天体，只是体积很小。它们绝大部分在火星和木星轨道之间的广阔空间中运动。

　　彗星也是围绕太阳运转的天体。由于它拖着一条长尾巴，所以通常叫它"扫帚星"。因为我们看到彗星的机会比较少，人们对这种自然现象又不理解，历代封建统治阶级就以彗星的出现，当作不祥之兆，来愚弄群众，巩固其统治地位。其实，彗星也是太阳系中的成员，它和行星一样，按一定的规律运行。彗星的形状很特别，可分为彗核、彗发和彗尾3个部分。彗核由比较密集的固体质点组成，其周围的云雾状光辉叫做彗发，彗核和彗发总称为彗头。彗尾是由一些稀薄的气体所组成，形状像扫帚，它是在彗星接近太阳的时候，受到太阳风的压力才形成的。

除了彗星以外，在太阳系里还有无数的小星体、尘埃、微粒和气体，它们也绕着太阳运转。有时有极小的星体闯入地球大气层，这时在夜空就会有一划而过的亮光，人们称之为流星。这些流星体其实就是星际物质，一般体积很小，在它们还没有落到地面的时候，就已经在大气中因剧烈的摩擦而燃烧殆尽了。少数较大的流星残骸落到地面，就成了陨石。

神奇的地球

通过前文我们已经知道，我们居住的地球是太阳系中的一颗行星。地球除围绕太阳运行外，自身也在不停地转动。围绕地球转动的有一颗不会发光的卫星，它就是月球，它绕地球1周需要28.32天。月球除公转外，还在不停地自转。由于太阳、地球、月球都在不停地转动，有时候，月球转到太阳和地球之间，正好把太阳射到地球上来的光挡住了，我们将这种月球遮住太阳的现象叫作"日

蓝色星球——地球

食"。有时候，地球在太阳和月球之间，正好把太阳射到月球上的光挡住

了，我们将地球影子映在月球上的现象叫做"月食"。

地球的周围被大气层包围着，其中 78% 是氮，21% 是氧，还有 1% 是水汽、尘埃和稀有气体。构成地球的主要物质是氮、氧、硅、钠、镁、铝、钙、碳和铁等，这些物质形成了空气、水、砂土和岩石等。地球的表面有高低不平的大陆和海洋。由于在地球上有空气、水和适宜的温度，很早以前，地球上就出现了生命。

拓展阅读

稀有气体元素

稀有气体元素指氦、氖、氩、氪、氙、氡以及不久前发现的 Uuo 7 种元素，又因为它们在元素周期表上位于最右侧的零族，因此亦称零族元素。稀有气体单质都是由单个原子构成的分子组成的，所以其固态时都是分子晶体。

地球的起源和演化

地球是人类共同的家园，也是人类千百年来不断研究的客观实在，但是地球的许多真相依旧笼罩在谜团之中，尤其是它的起源和发展过程。人类认识天、地，从神话开始，耶稣在西边创造天地，盘古在东方开天辟地。他们认为，天有四极，地有八荒；四方上下为宇，古往今来为宙，地球的历史，从此开始……

🔍 地球的起源

在古代，人们对地球的起源问题，要想得到正确的解答是不可能的。他们往往凭着主观猜测给予某些解释。剥削阶级为了维护自己的反动统治，竭力把地球说成是神创造的。在我国古代，曾流传着盘古开天辟地的神话。说盘古生于天地混沌之中，后来，他用神斧把天地劈成两半，分成上天、下地。所有日、月、星辰、风、云、田地、草木、金石，都是在他死后由身体各部分变成的。西方唯心论者也曾宣扬，是上帝用了 6 天时间创造了世界万物。这些神话传说只不过是人们对地球起源的美好猜想，毫无科学根基。

趣味点击　星云

星云包含了除行星和彗星外的几乎所有延展型天体。它们的主要成份是氢，其次是氦，还含有一定比例的金属元素和非金属元素。近年来的研究还发现其含有有机分子等物质。

1755 年，德国人康德在他的《宇宙发展史概论》一书中，第一个提出了太阳系起源的假说。他认为：所有的天体都是从旋转的星云团产生的。太阳系是由原始弥漫物质——星云所形成的。1796 年，法国人拉普拉斯也提出了太阳和行星是从庞大的气体星云中形成的看法。由于他们两人的假说基本观点相同，所以，后来人们把康德和拉普拉斯假说，统称为"星云说"。原始星云当初占有比现在太阳系范围还要大的空间。原始星云的质点有的地方比较浓密，有的地方比较稀疏，质点与质点之间相互吸引着，较大较密的质点把周围较小较稀的质点吸引过来，使得原始星云的中心部分变得越来越密。这个中心部分密实而周围稀疏的庞大星云，在缓慢的转动中不断放热、冷却、收缩，因而使转动的速度也相应地不断加快，离心力也随着愈来愈大。在不断增强的离心力的影响下，星云变成了一个像铁饼形状的扁平体。随着饼状星云体的进一步冷却、收缩和旋转速度的增加，赤道部分

12

不断增大的离心力，使饼状星云边缘部分的物质脱离星云体而形成一个类似土星那样的环。星云继续冷却，里面部分便继续收缩，这种分离过程一次又一次地重演，就形成了第二个环、第三个环，直至与行星数目相等的环。每一个环都大致处在现在某一个行星的轨道上，中心部分就收缩成为太阳。各个环以同一的方向环绕着太阳旋转。各个环内的物质分布也是不均匀的，它们有稀有密。较密的部分把较稀的部分吸引过去，逐渐形成了一些集结物。由于互相吸引，小集结物又合成了大的集结物，最后就形成了地球等行星。刚形成不久的行星还是炽热的气体物质，因冷却、收缩，自转速度增加，又可能分出一些环来，这些环后来就凝聚成了卫星。像地球的卫星——月球就是这样形成的。

基本
小知识

质　点

　　质点就是有质量但不存在体积与形状的点。在物体的大小和形状不起作用，或者所起的作用并不显著而可以忽略不计时，我们把该物体看作是一个具有质量，大小和形状可以忽略不计的理想物体，称其为质点。

　　"星云假说"在地球起源理论中，对人们的思想有着很深远的影响。所以在整个 19 世纪内，一直被看作是肯定了的科学业绩。在那种科学还深深禁锢在神学之中的时代里，康德、拉普拉斯敢于冲破上帝创造世界，否定了以为世界是一成不变的形而上学的观点，确实是科学上一个很大的进步。但是，"星云说"并不是完美无缺的，康德虽有自发的唯物论倾向的一面，但又有科学向宗教妥协的一面，他把形成地球的原始物质的运动看成是从虚无缥缈中产生的，给上帝留了一个位置，这又完全是唯心的。随着科学的不断发展，现在人们也不能把"星云说"全部地接受下来。

　　20 世纪开始以来，一些帝国主义御用的学者就抓住了"星云说"还不能解释的某些问题，对它进行了种种非难。他们抛弃了"星云说"中所主张的行星系统是从统一旋转着的弥漫物质中形成的这一可贵思想，而另外提出了太阳系起源假说。近几十年来，先后提出的太阳系起源假说就有 30 余种。其中有一类被称为"灾变说"的，认为行星是由某种外力干涉而从已经存在的太阳上分离出来的。20 世纪 20 年代英国人金斯所提出的潮汐分裂说，就是其中较流行的一种。据他说：大概在 20 亿年以前，宇宙间突然有一颗巨大的恒星向着太阳冲来，到了太阳近旁时，靠着它的强大吸引力，从太阳表面拉出一股雪茄烟状的气体物质流。这条气体物质流在它自身的引力作用下，凝聚、分裂成好几个圆球团，各个圆球团在自己的轨道上绕太阳旋转，这就形成了地球等行星。新形成的行星，又以相同的过程形成了卫星。所不同的是，从行星上拉起一条气体物质流的作用力，不是那颗突然冲来的恒星，而是太阳。

金斯假说提出之后不久，就受到许多人的批驳，指出他的假说完全没有科学根据，因而不久就被大家所抛弃。

关于地球和太阳系起源还有许多假说，如碰撞说、潮汐说、大爆炸宇宙说等。自 20 世纪 50 年代以来，这些假说受到越来越多的人质疑，星云说又跃居统治地位。国内外的许多天文学家对地球和太阳系的起源不仅进行了一般理论上的定性分析，还定量地、较详细地论述了行星的形成过程。

你知道吗

潮 汐

潮汐现象是指海水在天体（主要是月球和太阳）引潮力作用下所产生的周期性运动，习惯上把海面垂直方向涨落称为潮汐，而海水在水平方向的流动称为潮流。潮汐现象是沿海地区的一种自然现象，古代称白天的河海涌水为"潮"，晚上的称为"汐"，合称为"潮汐"。

➡ 地球的演化

关于地球的演化，历来也有几种说法。

星云假说认为：地球初生成时是一大团炽热气体，后来因放热冷却而成为液体，液体再冷却，就在表面结成一层硬壳，这就是地壳。而那些不会凝固的气体则仍保持气态，飘浮在地壳的外围，成为最早的大气圈。地壳是由岩石组成的，岩石是不会传热的，所以地壳一经形成后，地球内部物质的冷却速度就大大减慢了，从而使地球内部长期保持熔融状态。在地心吸力的影响下，熔融物质发生分异作用，轻的上升，重的下沉，最后形成了地幔和地核等圈层。地球继续放热冷却，内部物质就不断收缩。由于地壳和已缩小的内部不相适应，而弯曲变形，以至褶皱断裂，这就形成了高山深谷，起伏不平的地面。当地壳刚形成时，地面还很热，所有的水分都以蒸汽的形式掺杂在大气里，但当形成高山深谷后，地面温度已降到水的沸点以下。它就凝结为雨滴，降落下来，汇流到地面低洼处，形成了最初的江、河、湖、海，同时出现了最早的沉积岩层。

趣味点击　蒸汽

根据压力和温度对各种蒸汽的分类为：饱和蒸汽，过热蒸汽。蒸汽主要用途有加热，加湿，产生动力，作为驱动等。

俘获假说认为：地球初生成时是冷的、固体的，外部和内部的物质差不多，没有什么层次。它的成分类似于陨石的成分，其中放射性元素的含量和陨石中放射性元素的平均含量差不多。随着地球质量和俘获物的增大，地球内部的放射热也愈积愈多。在40亿～50亿年前，温度已增到几千度，使物质变成可塑性的，局部的物质开始熔化，于是在重力作用下，物质发生分异和调整活动，慢慢地形成了物质密度较小的地壳和密度较大的地幔和地核。地球继续增热，物质普遍熔化，轻的熔融物质被从内部挤出地球表面，于是火山到处喷发，使地球表层物质被改造成为接近于玄武岩成分的物质，形成最早的地壳。在火山到处喷发期间，地球原始物质中的一些气体和从火山熔岩中散逸出来的气体，就开始形成了地球的大气圈。大气降水和岩浆水在地球的大型坳陷处汇成了海洋。有了水、大气、阳光，就孕育出了有机生物。在矿物质、水、大气和有机生物的相互作用下，玄武岩被改造成为现在这个由各种岩石组成的地壳。

从以上两种说法可以看出，在地球的早期，似乎都曾有过一个普遍熔融或至少局部熔化的阶段。而且地壳的形成，大气和水的来源，似乎都借助于这个熔化过程。通过地球物质熔融分化而形成的地壳，它的结构和厚度在各地应该是差不多的，然而事实并不完全是这样，如在太平洋底下的地壳完全没有硅铝层，而大陆上的地壳，硅铝层又特别厚。针对这种情况，有人用地幔对流学说来解释地球的演化。什么叫地幔对流？这可从烧开水中得到理解。火在壶底加热，壶底部分的水被烧热变轻了，就往上升，上层较冷的水较重，就沿着壶边往下沉。这样就形成一个对流循环。同样道理，地壳下方地幔层里的可塑性物质，也会由于受放射热较强而绕着几个中心进行对流。在地幔对流上方的某部分地壳，就像载在传送带上似的被带走。如果两个相邻对流圈带来的两块地壳相遇了，就会挤集揉皱起来，使地壳增厚，就形成了高起的大陆和低凹的海盆。太平洋盆可能就是由于地幔对流的力量，把上方的硅铝层带走后造成的。这就是地幔对流说对原始地壳的演化、现代地壳的来历，以及海陆和巨大山岭成因的解释，此外，地幔对流还被认为是地壳水平运动，大陆长距离漂移的主要动力。

知识小链接

地　幔

地幔是地球内部构造的一个圈层，位于地壳以下，地核之上。其厚度约2865千米，主要由致密的造岩物质构成，这是地球内部体积最大、质量最大的一层。地幔又可分成上地幔和下地幔两层。

依据地幔对流学说，当地球演化到地面上出现了大陆、高山和湖、海、盆地等巨大起伏地形后，大气层也演变得更近于现状，太阳对地球表面的作用也日渐重要。太阳光热照射到地球上，使地球上有了风、雨、阴、晴等气象变化。暴露在阳光下的地壳，经过风吹、日晒、雨淋的侵蚀，一部分被破坏成碎石和粉末，被流水、冰川、疾风等外力，从陆地上搬运到海洋里堆积起来。天长日久，越积越厚，把这里的地壳压得逐渐下沉；相反的，大陆高处，由于物质减少而使这里的地壳失重上升。这样就引起了地壳的垂直升降运动。正是由于地壳这些水平的和垂直的运动，使地球的海陆形势不断发生变迁。我国古人说的"沧海桑田"，就是地球演化的结果。

由于目前人们对于地球内部的物质状况了解得还很不够，因此，对地幔对流究竟是否存在、它又以什么方式进行对流，还尚难肯定；但是，地幔对流学说启发了人们从地球内部物质运动的规律寻求地壳运动的原因，从而，使人们对地球演化的认识又深化了一步。

地球自形成到现在，有多少岁呢？这个问题，直到现在还没有一个统一的认识。

在 18 世纪中叶，有人根据地球是由炽热的太阳物质凝聚而成的假说，研究了炽热铁球的冷却速率，推算出了地球的年龄约为 7 万年。到了 19 世纪时，又有人用沉积速率估计个别地质时代长短的方法，推算出地球的年龄在几千万年到几万万年。直到 20 世纪，发现了放射性元素的固定不变的衰变速率后，才为测定地球年龄提供了较可靠的依据。近几十年来，用这种方法测定的

广角镜

矿石

矿石是指矿物集合体。在现代技术条件下，能以工业规模从矿物中加工提取金属或其他产品。原先是指从金属矿床中开采出来的固体物质，现已扩大到堆积在母岩中的萤石和重晶石之类非金属矿物。矿石中有用成分（元素或矿物）重量和矿石重量之比称为矿石品位，金、铂等贵金属矿石用克表示。

最古老的矿石年龄是 20 亿~25 亿年。20 世纪 40 年代，英国人霍尔姆斯推算出地球的年龄约为 35 亿年，并且还提出了地球的年龄与地壳的年龄相等的看法。但是，进入 20 世纪 50 年代以后，用这种方法，目前人们已经测出南极洲的一种岩石已有 40 多亿年了。测定地球的年龄主要用铅、铀和钍。据测定，地球的年龄为 46 亿年。20 世纪 60 年代末，经过对美国阿波罗号探月飞行带回的月球岩石样品进行测定，月球年龄为 44 亿~46 亿年，所以，地球的年龄为 46 亿年是目前大多数人公认的年龄值。但它并不是定论了的值，随着科学技术的发展，说不定会出现另一个更为接近，能被大家都能接受的年龄值。

◎ 前古生代时期

从地球形成到 5.7 亿年前，这个时期可以笼统地叫作前古生代时期，一般也叫前寒武纪，这是因为古生代的最早的纪叫寒武纪。

前古生代岩石地貌

前古生代的前期是地球的童年时期。从距今 30 亿年左右起，有确切的证据说明地壳中先后出现了小块的稳定陆核。重要的是这些陆核的稳定性一直保持到现代，起着稳定大陆核心的作用。从距今 30 亿年左右起，地球已经进入了自己的青少年时期，大气、水、生物各圈层都有很大发展，逐步演变到了和现代相近的情况，真正的地质作用，包括内外营力两个方面，都已经开始。

在世界各地的前古生界岩系里，蕴藏有极重要的矿产资源，如许多国家著名的铁矿、金矿和铀矿，都在这个时期形成。

前古生代早期的岩石，因为形成的时间很久远，一般都饱经沧桑的变化，它们的本来面目已经不容易辨认。这一时期的代表性岩石组合有两类：一类是片麻岩，是一种由石英、长石、云母等矿物组成的、经历程度比较深的变质作用而形成的岩石。另一类以绿色片岩作为代表，是古老火山作用的产物，经历过中等程度的变质作用。我们刚刚提到的矿产，主要跟后一类岩石组合有关。

古老岩石构成稳定大陆的基底，支撑着后来形成的一层层沉积岩石。相对于基底来说，后来形成的沉积岩石也叫盖层。

拓展阅读

云　母

云母是一种造岩矿物，通常呈菱形的板状、片状、柱状晶形。颜色随化学成分的变化而异，主要随 Fe 含量的增多而变深。云母的特性是绝缘、耐高温、有光泽、物理化学性能稳定，具有良好的隔热性、弹性和韧性。在工业上用得最多的是白云母，其次为金云母。其广泛地应用于建材行业、消防行业及灭火剂、电焊条、塑料、电绝缘、造纸、橡胶、珠光颜料等化工工业。

这些古老的变质岩系还是许多山脉的核心，如我国境内的泰山、嵩山、恒山、五台山等的核心就都是由它们构成的。

所以，古老岩系可以说是大陆的骨干和核心，正是它们对大陆的地质演变起着一定的控制作用。

前面我们提到，地球在此阶段是以最早出现小块陆核作为标志的。后来的大陆就是由陆核逐渐扩大而成的。

各大陆是怎样由陆核逐渐扩大的呢？

现在让我们用研究程度比较好的北美大陆做例子，来说明一下这个问题。

下图是北美大陆不同年龄的古老岩石的分布图。这张图给读者一个清晰的概念，就是年龄最老的岩石占据大陆的中部（竖线区），它们被年龄比较小的岩石所环绕（横线区），越向外去，岩石的年龄越小，这样一圈圈扩大开去。岩石年龄这样有规律的分布证实了北美地质学家早就提出的大陆扩大理

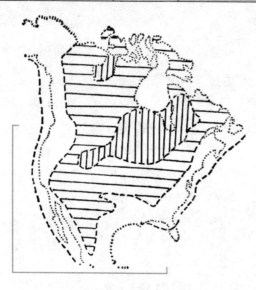

北美大陆不同年龄的古老岩石分布

论，就是大陆在地质演变的过程中由中心向外一圈圈地增生，使大陆不断扩大。

北美大陆演变的模式给人以启发。其他大陆是否也按照这种方式形成的呢？

现在了解到，其他大陆上不同年龄岩石的分布虽然不像北美大陆那样有规则，但是总可以找到年龄比较小的岩石环绕着陆核或分布在陆核之间的情况。这说明大陆扩大的理论具有一定的普遍意义。

在距今 17 亿年左右，地球经历了一次最有意义的稳定大陆的形成事件。经过这次事件以后，大陆差不多都接近了它们现在的规模。然而这些新形成的大陆岩石圈还比较薄弱，也没有达到真正的稳定。有人把这个时期的大陆岩石圈叫做原地台，意思是想区别于以后的真正的地台。

趣味点击　地槽

地槽是地壳上的槽形凹陷。地槽具有以下特征：呈长条状分布于大陆边缘或两大陆之间，具有特征性的沉积建造并组成地槽型建造序列，广泛发育强烈的岩浆活动，构造变形强烈，区域变质作用发育等。

所谓地台就是地壳上比较稳定的地区，和地壳上强烈活动地区的所谓地槽相对应而存在。在原地台内部和周边还发育着长条形的活动区域，也就是地槽。

为什么说在距今 17 亿年左右，地球经历了一次最有意义的稳定大陆的形成事件呢？

原来，从全世界大陆增长的过程来看，自从距今 30 亿年左右最初的陆核形成以来，稳定大陆增长的速率是比较缓慢的。

随着地质历史的进程，稳定大陆增长的速率有加快的趋势。到了接近距今 17 亿年左右的时期，稳定大陆的面积在相对比较短的历史阶段里大大增加，给人以突然的印象。

如果我们再看一看距今 17 亿年以后的情况，发生在距今 17 亿年左右的这个稳定大陆增长事件就更显得突出。因为从距今 17 亿年以后直到现代，稳定大陆的面积虽然还有所增加，但是增加的规模已经很小了。

稳定大陆增长的这种规律性无疑不是偶然的。但是到目前为止，地学界对这个问题的讨论还不多，也没有找到解释这一规律的一致认识。

对稳定大陆增长规律的认识在地球演变历史的研究中应该是具有头等重要意义的，因为地球演变历史中古地理、古气候的变迁，生物界的演化，乃至水圈、大气圈的演化，无不受岩石圈演变的影响和支配。

稳定大陆增长规律看来主要是由地球演变的内能所决定的。距今 17 亿年所形成的原地台还比较薄弱，也没有达到真正的稳定。又经过了几亿年的时间，原地台才渐渐地稳定下来。从此以后，地球进入了真正的稳定地台和活动地槽两种体制并存的时期。从原地台到地台的转变时期是从距今 17 亿年到距今 14 亿年左右。这是地球岩石圈演变历史中相当重要的一个阶段。

不少地球科学家强调距今 17 亿年左右原地台形成事件在划分地球演变阶段中的重要意义，这当然是有理由的。不过距今 14 亿年左右是稳定大陆最终形成的时期，似乎有更加重要的意义。

距今 14 亿年左右以后，地球岩石圈的演变进入了一个新阶段，地台和地槽两种体制处在势均力敌的状态。从此以后，地球上层物质运动的形式也有所不同了。

◎古生代时期

古生代时期的划分

古生代，如果称其为最古老生命的时代，那固然已经名不副实了；但是，从另外一种意义上来看，古生代还是反映了这个时期的特点：一方面，从古生代开始，生物界进入了空前繁盛的时期，数量之大，种类之多，确实是前所未有的；又因为从这个时期开始，大量出现了有钙质和硅质骨骼的生物，所以其中许多代表得以保存成很好的化石，成为古生物学家的研究对象。另一方面，综观这个时期的生物界，跟古生代以后的生物界面貌却又有很大不同，毕竟是属于古老生命的范围。

古生代时期指从距今 5.7 亿年到距今 2.3 亿年这段时期，持续 3.4 亿年。古生代跟前古生代相比要短得多，但是研究程度要比前古生代高得多。

地球到这个时期已经经历了几十亿年的演变，大气圈、水圈和岩石圈的物质组成和结构跟今天地球的情况相比已经差不多了。这个时期所发生的地质作用，无论是内力的还是外力的，跟今天地球表面和上层正在进行的相比，也已经很相近了。

广角镜

岩石圈

岩石圈是地球上部相对于软流圈而言的坚硬的岩石圈层。厚约 60 ～ 120 千米，为地震高波速带。包括地壳的全部和上地幔的上部，由花岗质岩、玄武质岩和超基性岩组成。其下为地震波低速带、部分熔融层和厚度 100 千米的软流圈。对岩石圈的认识，分歧很大，有人认为岩石圈与地壳是同义词，而与下部软流圈即上地幔有区别，但岩石圈与上地幔系过渡关系而无明显界面；有人认为岩石圈至少应包括地壳和地幔上层。

古生界的地层总的说可以分为上下两部，就地质年代来说，也就是可以把古生代分成早晚两期。

早古生代包括寒武、奥陶、志留三个纪，从距今 5.7 亿～4 亿年，持续 1.7 亿年。

晚古生代包括泥盆、石炭、二叠三个纪，从距今 4 亿～2.3 亿年，持续时间跟早古生代相当。

早古生代的寒武、奥陶、志留这三个纪是怎样确定的呢？

原来下古生界地层的研究以英国威尔士地区算是最早的。1833 年，研究英国威尔士地区下古生界地层的英国地质学家薛知微（1785—1873）用威尔士的一个古代地名"寒武"命名这套地层。稍晚一点，原来跟薛知微合作研

古生代时期地层

究这套地层的另一英国地质学家莫企孙（1792—1871）因为跟薛知微发生了意见分歧，1835 年提出用另外一个名字"志留"来命名这套地层，"志留"是曾经居住在威尔士的一个古代民族的名称。后来的化石研究证明，薛知微的寒武系的上部相当于莫企孙的志留系的下部，造成有一部分地层由两个研究者给了不同命名的混乱局面。直到 1876 年，才由另一英国地质学家拉普华斯提出新方案，问题才算得到解决。拉普华斯保留寒武、志留的名称，但是限定寒武系只代表下古生界下部地层，志留系只代表下古生界上部地层，而把原来两系重复的一部分地层另立新名"奥陶"，"奥陶"是曾经居住在威尔士的另一个古代民族的名称。

英国威尔士地区下古生界地层的厚度很大，受到的改造作用也比较强烈，而且在 1876 年以前找到的化石还很少，这是初期地层划分产生含混和意见分歧的原因。英国下古生界地层划分方案确立的过程具有一定代表性，也就是说，任何一个时代的地层划分的确立一般都经过反复的研究和对比。划分方案一旦确立之后，这个最早开展研究的地层剖面就成了标准剖面，比如英国威尔士地区的下古生界地层剖面就是标准剖面，世界其他同时代的地层都应该根据所含化石的情况跟它对比来确定时代。

晚古生代的泥盆、石炭、二叠三个纪又是怎样确定的呢？

泥盆和石炭两系都是从英国的地层研究中建立的。"泥盆"取名于英国西南部的一个郡的名称，它也是由薛知微和莫企孙所建立的，时间在 1837 年。"石炭"是因为这一地层普遍含有煤层而得名，它建立的时代比较晚，在 1882 年。

二叠系的标准剖面地点在前苏联乌拉尔山西坡的彼尔姆州，它由应俄国沙皇的邀请去那里进行地质考察的莫企孙在 1841 年确立，所以在国际上叫

"彼尔姆系"。在我国和其他少数国家称做二叠系，是因为德国的这一地层明显分成上下二层。

早古生代地台演变

在前古生代末期，从距今8亿~6亿年这段时期里，岩石圈经历了一系列变动。进入寒武纪以前，地球表面的大陆地势高峻，面积扩大，天寒地冻。

从寒武纪开始，以古陆作为核心的相对稳定区——地台区经过长期的夷平作用之后，地势逐渐趋向平缓；低洼的区域屡次遭到海水浸漫，广阔的浅海不断扩大；环绕着地台区或者位于地台区之间的，是相对活动的区域——地槽区，一般是或深或浅的海槽。

这个时期的地槽分布在古大陆地台的边缘，如北美地台的东西两侧、东欧地台的西缘、中国地台和西伯利亚地台之间、西伯利亚地台和东欧地台之间等，它们主要表现成海槽。

我们说到早古生代地台，这是一个地质构造概念，并不就是指早古生代的大陆，而是指在早古生代处在相对稳定状况的区域。当然相对稳定并不就是绝对不动，地台特别是它的边缘还是有相当的活动性的。

一般来说，地台是大陆规模的成片区域，由基底和盖层两部分构成。基底由古老变质岩组成，刚性比较大，对盖在上面的相对柔软的沉积层起着保护的作用。基底也并不是完整的一块，更不是完全僵死的，而是被断裂分割成若干块，块跟块之间存在着相对运动，比如有的块相对其他块上升，或者在水平方向上有

拓展阅读

褶　皱

岩层在形成时，一般是水平的。岩层在构造运动作用下，因受力而发生弯曲，一个弯曲称褶曲；如果发生的是一系列波状的弯曲变形，就叫褶皱。

相互错动等。显然，基底发生的运动会影响盖层。读者可以设想一个由几块木板拼起来的台子，上面铺了几层台布，如果木板之间发生相对移动，盖在

上面的台布就会相应地产生隆起、凹陷、扭曲、褶皱甚至被撕破。这种情况和地台的运动相类似。

知识小链接

变质岩

变质岩是指受到地球内部力量（温度、压力、应力的变化、化学成分等）改造而成的新型岩石。固态的岩石在地球内部的压力和温度作用下，发生物质成分的迁移和重结晶，形成新的矿物组合，如普通石灰石由于重结晶变成大理石。

从世界上比较典型的地台来看，地台的运动相对地是比较弱的，以发生在地台内部的相对升降运动的幅度说，它还不及地槽区的 $\frac{1}{10}$。不过地台边缘由于受到相邻地槽的影响，运动幅度一般比较大。

尽管寒武纪早期大陆地势陡峻，但是由于它内部的相对运动逐渐减弱，风化、剥蚀、搬运等外力地质作用渐渐占了上风。到了寒武纪中期，大陆和它邻近地区的地貌已经发生了显著的变化，一般比较均一化，比较低平了。地球表面高低差异减小，因而发生了大规模的海浸，大片的低平大陆被海水所淹盖。这种情况也影响了古气候，使它变得温和了。阳光灿烂的海滩、海水淹盖的大陆架和浅海空前广阔。

正是在这样的环境里，海洋植物和动物得到了稳定的生活条件，大大繁盛起来。寒武纪是地球上最早出现可供利用的煤的时期，如我国南方寒武纪岩层里的一种劣质煤叫石煤的，就是由生活在滨海、浅海的海生植物遗体大量聚集、石化而形成的。大量生物遗体的埋藏还形成了农用肥料——磷矿层。

地台内部的运动往往表现成大块大陆的升降运动。当大陆块缓缓上升的时候，它就成为高出海面不多的平原。当它缓缓下降的时候，又很容易遭到海浸，并且在海底接受从陆地风化、剥蚀、搬运而来的沉积物。

例如，我国华北地区在早古生代时期的经历就是这样。当古华北地区陆块稍有下降，海平面相对升高，从现代的东海之滨到太行山区都是一片汪洋。

当它稍有升高，海平面相对下降，广大的古华北地区又重新露出海面。从寒武纪到奥陶纪，这样的过程不知道经历过多少次，在这里渐渐沉积了几百米厚的碳酸钙质（石灰质）和泥质沉积物。在这些沉积物转变成的岩层里夹有许多层所谓龟裂灰岩，就是海底的淤积物常常露出海面发生干裂现象的极好证明。

从寒武纪到志留纪这段历史时期中，虽然在地台的某些局部曾经遭到过比较强烈的变动，但是从总体看，上面说的比较稳定的体制一直保持着。

到了志留纪末期，情况发生了变化。这时候在地台周围和地台之间的地槽区里先后发生了翻天覆地的变化，发生了所谓加里东运动的大变动。加里东运动这个名称来自英国的一个山名。

这场运动延续的时间是用百万年来计算的。而且就一个地区来说，运动还不只发生一次，这每一次地质学上叫做幕，就像一个剧从序幕开始经过几幕达到剧终的情况那样，一个运动也是由几个幕组成的。

早古生代的地台因为受到加里东运动的影响，原来低平的地区重新被抬高，简单的地貌又变得复杂起来。大片的海水从地台上退去。初始基本上水平的沉积盖层，经过这场变动之后，有的地方发生了倾斜、褶皱，有的地方发生了断裂。然而地台的这些变动的强度远不及地槽区里岩层所发生的变动的强度。志留纪末期的运动使气候也重新变得严峻，同时也不能不影响到生物界。

早古生代地槽区演变

地槽是成长条形状的区域，它不像地台那样具有刚性基底的保护。

一般说来，地槽发育的早期表现是大幅度的下陷。在下陷的同时接受从上升地区剥蚀来的岩屑，再加上来自地下的火山物质，所以在地槽里往往有巨厚的堆积物，下陷幅度 10 倍于同期发育的地台区。

地槽发育晚期，强烈的构造运动能使地槽里的沉积岩层和火山岩层产生剧烈褶皱和断裂破坏，同时有大量来自地下的炽热岩浆侵入，形成规模很大的侵入岩，数量最多的是大家所熟悉的一种建筑石料——花岗岩。如果一部分岩浆沿着断裂上升到地表，就会形成壮观的火山爆发。

经过地槽晚期的强烈构造运动之后，地槽区从下陷海槽转变成了雄伟的山系——褶皱带，从此之后渐渐地走向稳定。

以上就是地槽区演变的大体过程。

早古生代地槽经过加里东运动，转变成稳定的褶皱带，并且镶在地台边缘，这一情况可以英国的地槽作为代表。英国的加里东地槽位于古老的东欧地台的西北边缘，经过加里东运动之后，东欧地台向西北方向扩大了。另外一条类似的地槽褶皱带位于北美地台的东缘。在西伯利亚地台的南缘也有强大的由加里东运动形成的褶皱带，在我国的东南部和秦岭、祁连山、天山等地区也都有加里东皱褶带的发育。

晚古生代地台和地槽区的演变

跟早古生代开始的时候情况相似，地球表面的地势逐渐趋向和缓。从泥盆纪中期开始，在北半球的若干地区重新发生海浸，如我国的南方、前苏联的欧洲部分、北美大陆等地。经过泥盆纪晚期短暂的海退，到了石炭纪中期，海浸规模达到了最大。石炭纪晚期，海水又渐渐地退去。

南半球的情况有所不同。泥盆纪早期，地台内遭到过短暂的海浸，中期海水已经退出，整个晚古生代，除某些边缘地区之外，地台内部没有再受到海浸。可见南半球地台的大部分长期处在稍稍隆起的状态。

泥盆纪时期，气候温暖，但是比较干燥。石炭纪时期，气候变得温暖潮湿。而到了二叠纪时期，气候又渐转干旱。

晚古生代的地槽区，在开始阶段接受了厚厚的沉积物和火山物质之后，从石炭纪晚期开始，

趣味点击　二叠纪

二叠纪是古生代的最后一个纪，也是重要的成煤期。二叠纪开始于距今约2.95亿年，延至2.5亿年，共经历了4500万年。二叠纪的地壳运动比较活跃，古板块间的相对运动加剧，世界范围内的许多地槽封闭并陆续地形成褶皱山系，古板块间逐渐拼接形成联合古大陆（泛大陆）。陆地面积的进一步扩大，海洋范围的缩小，自然地理环境的变化，促进了生物界的重要演化，预示着生物发展史上一个新时期的到来。

先后遭到强烈构造运动的影响，转化成褶皱山系。运动此起彼伏，一直延续到晚古生代末期才最终完成。这个运动叫华力西运动，这个名称来自阿尔卑斯山脉中的华力西山。

华力西运动使位在欧洲和非洲之间的地槽、东欧地台和西伯利亚地台之间的乌拉尔地槽、西伯利亚、中亚和中国地台之间的广大地槽区、北美东缘的阿巴契亚地槽等都转化成褶皱山系，海水退出，使世界上最大的大陆——欧亚大陆连成一片。南半球大陆，随着周边地槽发展的结束，在晚古生代末期也有所扩大。

大陆漂移和潘加亚大陆形成

大陆形成以后，它们的位置有没有发生过移动？就是说稳定地台除了存在差异性的升降运动（表现为海水的进退）以外，是不是还有大规模的水平位移？

按照活动论的观点，古生代开始的时候。在古欧洲和古北美洲之间曾经有过一个古大西洋。古大西洋的宽度虽然不得而知，但是至少它曾经阻隔了两边生物的沟通，看来宽度是不小的。古生代开始以后，古欧洲和古美洲两个陆块逐渐接近，到志留纪时期才碰在一起。相碰的力量引起了加里东运动。

类似的情况也发生在古欧洲和古非洲、古欧洲和古亚洲、古西伯利亚和古中国之间。到古生代末期，全球大陆块达到最大程度的互相接近。

以上的推测是根据近几十年来海洋地质和地球物理的研究所提出来的板块构造理论引申的。对于古生代时期大陆是否发生过大规模水平移动的问题，虽然还有少数学者仍然持怀疑态度，但是已经有不少地质、古生物、古地理和古地磁方面的证据支持这种推测。

在古生代末期，全球大陆块达到最大程度的相互接近，这就形成了全球的统一大陆，叫做潘加亚大陆。"潘加亚"一词是由魏格纳提出来的，潘加亚大陆意思是泛大陆。

潘加亚大陆的北半球部分，叫做劳亚大陆。"劳亚"是加拿大东南部一个地名劳伦斯和亚洲的缩合词。劳亚大陆也叫北方大陆，范围包括北美大陆和欧亚大陆（除印度半岛和阿拉伯半岛）。

潘加亚大陆的南半球部分，叫做冈瓦纳大陆。"冈瓦纳"是印度中部一个地名。冈瓦纳大陆也叫南方大陆，范围包括南美洲、非洲、澳大利亚和印度半岛。

冈瓦纳大陆的冰盖复原图

右图就是冈瓦纳大陆图。这是根据现在南半球相互分开的各大陆拼合成的。图中虚线所圈定的范围是根据各地石炭纪晚期和二叠纪早期的冰碛恢复出来的古大陆冰盖的位置，箭头的指向是根据冰碛的研究所确定的古冰流的方向。大家看到它们刚好从冰盖的中心指向边缘，这进一步说明，把大陆按照如图的方案拼合起来是合理的。更有意思的是，南美冰碛中的某些砾石竟来自远在几千里之外的非洲的西南部，如果这两个大陆不曾互相毗邻的话，这个事实简直就无法解释了。

在劳亚和冈瓦纳两古陆之间，有一个朝右方开口的三角区，这里是古地中海，叫做特提斯海。图上其他广阔的海域都是古太平洋。

从以上所说不难看出，古生代时期大陆岩石圈演变的总趋势是继续扩大和连成一片。大陆的扩大主要是通过位于它的边缘的地槽转化成褶皱带的过程实现的。古生代的褶皱带主要就是前期的加里东褶皱带和后期的华力西褶皱带。

到了古生代末期，大陆的总面积已经跟今天地球上的大陆总面积相差无几了。

◎ 中生代时期

中生代时期的划分

中生代从距今 2.3 亿年开始，延续的时间大约 1.6 亿年，到距今 6700 万年结束。它处在古生代和新生代之间，所以叫它中生代。

中生代划分成 3 个纪：三叠、侏罗和白垩。

三叠纪这个名称是因为它的标准剖面在德国分作上、中、下 3 个部分而确定的。

"侏罗"这个名称来自法国瑞士间的侏罗山。

白垩纪是因欧洲这一时期的地层主要是白垩沉积而得名的。

三叠纪结束、侏罗纪开始的时间是距今约 1.95 亿年，侏罗纪结束、白垩纪开始的时间是距今约 1.37 亿年。

广角镜

侏罗纪

侏罗纪是一个地质时代，界于三叠纪和白垩纪之间。侏罗纪是中生代的第二个纪，开始于三叠纪–侏罗纪灭绝事件。虽然这段时间的岩石标志非常明显和清晰，其开始和结束的准确时间却如同其他古远的地质时代，无法非常精确地被确定。侏罗纪的名称取自于德国、法国、瑞士边界的侏罗山。超级陆块盘古大陆此时真正开始分裂，大陆地壳上的缝生成了大西洋，非洲开始从南美洲裂开，而印度则准备移向亚洲。

超级大陆的解体

中生代开始以后，在地球史发展中出现了新的转折。

从前面的章节我们知道，古生代岩石圈演变的总趋势是稳定的地台区阶段性地扩大，而且在古生代末期，稳定的大陆连成了一片，形成了所谓潘加亚大陆——一个超级大陆。

可是到了中生代，潘加亚大陆又逐步解体了，各个陆块渐渐地趋向于漂移到现代所处的位置。岩石圈又经历了一系列重要的变动。

中生代开始经二三千万年，到了三叠纪末期，在北美、南美之间和欧亚、非洲之间发生了分裂，此外，在南部的几个陆块之间也发生了裂缝，开始互相移开。

又过了五六千万年，到了侏罗纪晚期，各陆块进一步分裂。最值得注意的情况是在北美和欧亚大陆之间、南美和非洲之间产生了一条大体上是南北方向的巨大裂隙，陆块向两边移开，海水浸进去。这就是以后的大西洋。

2.4亿年前

1.8亿年前

6百万年前

现在

大陆漂移过程示意图

大陆漂移说

又过了 7000 万年，到了白垩纪晚期，情况又进一步发生了变化，各大陆继续互相移开，最显著的是南美和非洲之间的距离加大，也就是说南大西洋有了明显的扩张。

那么，中生代大陆分裂的历史是根据什么得出来的？分裂的原因又是什么？

这要从大陆漂移说说起。

我们知道，现今大西洋两侧的欧洲、非洲大陆的西缘和北美、南美大陆的东缘轮廓线十分相似。从图上可以看出，两侧的大陆好像曾经拼合在一起，后来被某种巨大的力量撕裂、拉开一样，以至现在隔着一个宽 4000 英里（1英里≈1.61 千米）的大西洋。

自从第一张比较精确的世界地图在 16 世纪问世以来，上面所说的现象就曾经激发不少的人去思考：大陆是否曾经发生过分裂和水平方向的大规模移动呢？

最早见之文字提到这个问题的是英国哲学家弗兰西斯·培根（1561—1626）。此后还不断有人提到过类似的思想。不过，提出比较系统的科学假说的，却是德国地球物理学家魏格纳。

趣味点击 魏格纳

魏格纳是德国气象学家、地球物理学家，1880 年 11 月 1 日生于柏林，1930 年 11 月在格陵兰考察冰原时遇难。他被称为"大陆漂移学说之父"。

魏格纳尽力收集当时能得到的证据，证明世界的大陆曾经连接在一起，后来逐步分裂，漂移到现在的位置。魏格纳的假说表述得十分完美，用比较简单、容易被理解的叙述解释了大量的地理、地质现象，这是他的假说得以在 20 世纪二三十年代风靡一时的原因。这个假说当时得到地质界、生物地理界以及从事自然科学其他领域工作的学者的广泛响应和支持。

大陆漂移假说的主要内容是什么呢？它的根据是什么呢？

首先是大西洋东西两岸轮廓线的相似，如果把分列在大西洋东西两侧的大陆重新拼合起来，还可以发现，两侧大陆上的某些地质构造可以互相连接。这就好像一张被撕成两块的报纸，把它们重新拼合以后，被分开的一行行文字又能重新接起来一样。

基本小知识 轮廓线

轮廓线，又叫"外部线条"，指电影构图中个体、群体或景物的外边缘界线，是一个对象与另一个对象之间、对象与背景之间的分界线。每个物体的外形轮廓都不同，即使是同一个物体，从不同角度看，也有不同的轮廓形状。在电影创作中，应当根据导演和摄影师创作的要求，选择这个物体最具特点、最具表现力的轮廓形状、以适当的摄影角度去拍摄。

其次是古生物的资料，魏格纳似乎更注重这方面的资料。那个时代的古生物研究已经证明，南半球的几个大陆上，石炭纪时期的爬行动物中，有 64% 的种是共同的。到了三叠纪时期，也就是推测南半球的几个大陆已经分裂了一段时间之后，几个大陆上爬行动物中共同的种数已经下降到 34%。另一个事实是，一种生活在二叠纪时期的叫做舌羊齿的植物群对于南半球的几个大陆（包括印度）来说是共同的，而在世界其他地方却没有这个植物群。这个事实的最合理的解释当然是推测二叠纪时期这几个大陆曾经是相连的。

大陆漂移的第三方面的根据是古气候的资料。魏格纳的那个时代，地质学家已经知道，石炭、二叠纪时候，南半球几个大陆上都发育过广泛的冰川。魏格纳认为，南半球各大陆上的冰碛原来都是相连的，石炭、二叠纪时候曾经有过类似现代南极洲冰盖那样的东西。这就是我们前面提到过的冈瓦纳大陆冰盖。魏格纳还利用一些能反映古气候条件的特殊沉积物，如热带植物形成的煤层、反映干热气候条件的盐类沉积等进行分析。魏格纳注意到，反映古赤道气候的由热带植物形成的煤和盐类沉积跑到了今天的高纬度地区（接近极区），而反映古极区的冰碛却跑到了今天的赤道地区，根据这一事实，他提出大陆在地质历史时期曾经发生过相对于地极的移动，这种移动后来被称做极移。

大陆漂移还有第四方面的证据——地球物理证据。魏格纳在讨论大陆漂移假说的时候，利用了当时在地球物理学领域里所取得的成果。20 世纪初，人们已经知道地壳在沉积盖层之下是花岗岩层（硅铝层），再往下是玄武岩层（硅镁层），并且还知道大洋区是没有硅铝层的；当时还知道，在刚硬的地球上层之下存在着具有塑性的层。限于当时认识水平，魏格纳不正确地认为硅

拓展阅读

洋　壳

洋壳即大洋型地壳。它是分布于大洋盆地之下的地壳。根据地震和重力研究，大洋型地壳与大陆型地壳有根本区别。它的结构总是比大陆型地壳更为均一，自上而下，系由沉积层和硅镁层（5～6 千米）组成，平均密度为 3.0 克/立方厘米，缺失硅铝层。

铝层的大陆壳是刚性的，而硅镁层的洋壳具有塑性。他设想大陆浮在洋壳上，就像冰浮在水上那样，并且进行着长距离的漂移，这个过程也有点像耕地的犁在土中移动时候的情况。

对大陆漂移的动力来源，魏格纳是怎样设想的呢？他把大陆壳（硅铝层）在洋壳（硅镁层）上的漂移跟地球的自转运动联系起来。他认为大陆壳的运动有两个方向：一个是向西运动，是由于月球引力（所谓潮汐摩擦作用）引起的；另一个是由两极向赤道方向的运动。

从以上介绍的情况，我们可以看到，魏格纳的假说确实收集和解释了多方面的地理、地质证据，对于大陆是怎样运动和为什么发生运动的问题，也做了初步讨论，称得上是一个比较系统的假说。

但是，限于 20 世纪初地球科学发展的水平，魏格纳假说所根据的地质、古生物、大地测量等方面的资料，有不少是不确切的，或者是模棱两可的。特别是魏格纳不正确地认为，大陆漂移是硅铝层在硅镁层上移动（后来证明这是不可能的）和把漂移的动力仅仅归因于地球自转运动（后来证明这个力很微小，不足以推动地壳发生运动），是导致他在 20 世纪 30 年代以后遭到大多数地球科学家（特别是地球物理学家）反对的重要原因。

在地质学家看来，大陆漂移假说跟大量具体的大陆地质资料脱节。有人批评这个假说只考虑石炭纪以后的地质历史；有人批评它不能解释大陆上具体区域的地质发展和演变历史。

20 世纪 50 年代古地磁研究的兴起，掀起了一股复活大陆漂移假说的浪潮，使已经消沉下去的争论又激化起来。

岩石里的铁磁性矿物能反映出岩石形成时期的地磁场。例如，我们先在这个陆块的最上面一层（上二叠统）里采一块岩石标本，用非常敏感的磁力仪可以测得铁磁性矿物所反映出来的磁轴。它的方位就是晚二叠世时期这个采样地点的磁场方位，它的倾角反映这一地点所处的磁纬度。

当然这样分析问题的前提是当时的地磁场跟今天的地磁场一样，也是一个南极一个北极，两者遥相对应。如果根据所采标本决定的磁轴倾角很大，甚至近于直立，那么很明显，这块岩石形成在近磁极的区域。同样不难理解，如果磁轴的倾角很小，或近于平行当时的地面，那么可以认为，这块岩石形成在近磁赤道的区域。这就是根据岩石标本的磁轴倾角确定古磁纬度的道理。

知识小链接

纬　度

纬度是指某点与地球球心的连线和地球赤道面所成的线面角，其数值在0至90度。位于赤道以北的点的纬度叫北纬，记为N；位于赤道以南的点的纬度称南纬，记为S。

地磁轴跟旋转轴是什么关系呢？这牵涉到古磁纬度跟古地理纬度是否一致的问题。近年来的研究表明，虽然现代的地磁轴对地球的旋转轴倾斜11.5度，但是近2500万年以来，地磁轴的平均位置却跟今天的旋转轴位置一致。因而科学家们有理由推想，在不太久远的地质历史时期中，例如从古生代以来，古地磁轴也跟地球旋转轴的位置大体一致，也就是说，古磁纬度能反映古地理纬度。

决定古地磁极位置的方法道理简单，然而实际做起来却非常困难，因为岩石形成以后，在漫长的地质历史时期中遭受过各种因素的改造作用，使岩石里原来就很弱的铁磁性矿物所反映的古地磁轴方向更加模糊了。为了得到某个时期地磁极的位置，需要在相当大的范围里在同一地层里采许多块岩石进行测量，如果所测得的古地磁极位置大致集中在一个不太分散的范围里，才能认为得到了比较可靠的结果。目前，科学家们所得到的各大陆不同时代古地磁极位置的可信数据已经有几百个，怀疑这种方法可靠性的人越来越少了。

假定我们根据上二叠统地层里所采标本确定当时陆块在南纬50度；下二叠统地层里所采标本确定当时陆块在南纬60度；而石炭系地层里所采标本确定当时陆块在南纬70度。根据以上结果，可以得知这个陆块相对于古磁极也就是古地理极位置变化的情况。我们能够想到陆块从石炭纪到晚二叠世期间向北漂移了20度。

那么，如果设想这个陆块在这段时间里不动，而是古地磁轴发生了位置的变化，不是也可以有同样的结果吗？的确是这样的。但是，有些科学家认为，地球在绕旋转轴自转的时候形成赤道区稍膨大的椭球。这种形状的球体在旋转运动的惯性力影响下，旋转轴，也可以说是地磁轴。相对球体的各部分发生位置变动的可能性是不大的。

趣味点击　标本

标本是指保持实物原样，或加工整理，以供教学、研究用的动物、植物、矿物等的样品。标本大致可分为：兽类标本、鸟类标本、鱼类标本、昆虫类标本、植物标本、骨骼标本、虾蟹类标本、化石类标本等。

海底扩张假说

美国普林斯顿大学的赫斯（1906—1969）于1960年发表了一份报告，题目是《海洋盆地历史》，1962年正式出版。他自己把报告里提出的海底扩张假说称做"地质诗篇"，意思是还需要有更多的事实来证明它。

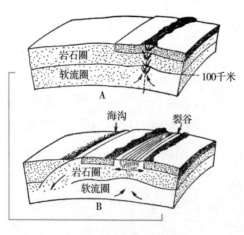

海底扩张假说示意图

左面的图表示了海底扩张假说的基本思想。热的、具有一定塑性的物质从下面的软流圈里上涌，通过岩石圈里的裂缝，在未来的洋脊轴部侵入，形成新的洋底，并且使大陆壳（密点子区）裂开，如左图A所示。经过一段时间以后，新的洋底不断加宽，已经裂开的大陆壳被带到离大洋裂谷更远的地方，如左图B所示。

由密度比较小的岩石所组成的大陆地壳相对地比较轻，所以总是浮在上面，随着整个岩石圈运动着。它可以比作粥锅里浮在表面的泡沫，随着粥的对流被从中心带到锅边去。

板块构造学说的出现

前面说过，大陆漂移假说一度遭到否定的重要原因之一是它所设想的大陆壳硅铝层像船一样在大洋壳硅镁层上漂移被证明是不可能的。可是大陆漂移假说所主张的在地质历史中大陆曾经发生过分裂、漂移的思想和所根据的地质、古气候等多方面证据，在地球科学家的头脑里一直没有完全忘却过。海底扩张假说出现以后，有关大陆分裂和漂移过程的问题可以说是一下子找到了依据。

让我们再回过来看一看前页的图 A，最上面的带密点子的板块表示大陆壳，它在海底扩张的作用下被分裂和推向两边去了。可是大陆的分裂和漂移并不像当年魏格纳设想的是大陆壳在洋底上移动，而是跟它下面的岩石圈部分一起在移动。也许有的读者乘过北京火车站的自动扶梯，或者看到过运送行李的传送带，大陆壳的漂移正像人和行李那样是被动地在运动。这样，大陆漂移和海底扩张互相结合起来了。

20 世纪 60 年代末期，终于被大多数学者所接受的海底扩张学说就像是一条神奇的绳索。它把地球科学中散乱着的环节一个个地联系

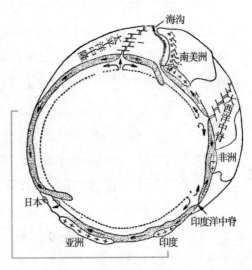

板块构造学说示意图

起来，形成了一个完整而系统的、能从宏观上阐述地球上层发生的各种运动的学说。这个学说就是板块构造学说，也叫全球构造学说。

板块构造学说的基本思想可以用上面的一张图来表示。这是一张极粗略

的示意图，像切西瓜那样把地球一刀切开，不过为了多表示一些内容，这一刀并不是沿赤道切的，而是斜着切的，用"＋"表示的是大陆壳；点子表示的是岩石圈的其余部分；岩石圈以下、虚线以上是软流圈。箭头表示软流圈物质和岩石圈的运动方向。

知识小链接

软流层

软流层又叫软流圈，位于上地幔上部岩石圈之下，深度在 80～400 千米，是一个基本上呈全球性分布的地内圈层。

我们看到，岩石圈在洋脊的部位产生，而在伴有海沟的大陆边缘俯冲、消亡，用"＋"表示的大陆壳就驮在岩石圈上运动着。

按照现在所掌握的大洋岩石圈增生（或消亡）的速度是每年几厘米计算，大约每过 2 亿年，洋底就要更新一次，也就是说，现代的洋底最老的部分年龄也不应该大于 2 亿年。这个推测跟洋底钻探、取样所得到的洋底年龄资料是吻合的。洋底在中脊处最新，越向两边越老，但是最老也不老于 2 亿年。

我们要注意的是，洋底虽然在不断更新，海水却是老的，这就像是一个有活动槽底的水槽，我们抽动槽底，水却保持在原处。

从下页的图看，岩石圈在剖面上并不是完整的一圈，而是被分成若干段。假如从三度空间来看，岩石圈被分成若干块，这就叫板块。所谓岩石圈的运动，实际上是这些板块在做相对的运动。所以板块内部是比较稳定的，而板块的边界处是相对活动的。

板块的划分原则上按照地震带的位置。这里我们再一次看到全球地震活动性的研究对板块构造学说建立的意义。

最初始的板块划分是 20 世纪 60 年代末期提出来的，全球共划分成六大板块，这就是太平洋板块、欧亚板块、印度洋板块、南极洲板块、非洲板块

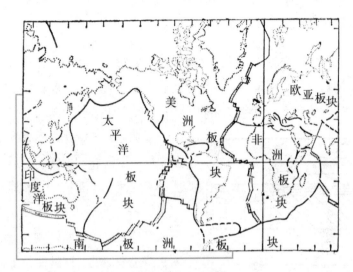

全球划分成六大板块

和美洲板块。随着工作的深入，近年来又增加了一些更细的划分。

板块相对运动的方式主要有 3 种：

第一，以洋中脊作为边界的两个板块是背道而驰的，这里也是板块的增生带，就是新大洋岩石圈形成的地方。这种边界叫发散型边界。

第二，以海沟作为边界的两个板块是相向运动的，这里也是板块的消亡带。这种边界叫汇聚型边界。

基本小知识

海 沟

海沟是海底最深的地方，最大水深可达到 10000 多米。海沟是位于海洋中的两壁较陡、狭长的、水深大于 5000 米（如毛里求斯海沟 5564 米）的沟槽。

以上这两种边界是最主要的。

第三种类型是相邻板块沿着一个断裂带互相错动，这种类型的边界主要跟板块在球面做运动所决定的一系列特征有关。

海底扩张和环太平洋火圈形成

上面我们谈到中生代开始以后统一大陆的解体，后来又介绍了板块构造理论是怎样解释这个现象的。现在让我们来看一看，岩石圈板块发生大规模水平运动的时候在大陆边缘和内部引起了什么样的地质作用。

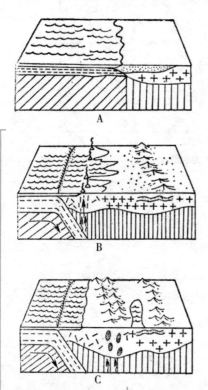

环太平洋的大陆边缘发生强烈活动的原因解释示意图

潘加亚大陆解体之后，先是出现了狭窄的大西洋和印度洋，以后这两个新生的大洋面积不断扩大，而原来统一的大洋——古太平洋的面积却不断缩小，好像环绕太平洋东西两侧的大陆一齐向着它挤过去似的。这就使位于古太平洋周围的大陆边缘发生强烈的火山和岩浆活动、沉积和随后的造山作用，这就是地学界科学家们早已密切注意的环太平洋构造带，也是世界上重要的成矿带。

为什么偏偏在环太平洋的大陆边缘上发生这样强烈的活动呢？下面用几张图来解释一下：

A 图的左边表示的是古太平洋的一部分，右边是古美洲大陆的西缘，时代属晚古生代时期，距今大约 2.5 亿年以前。从图上可以看出，那时的古美洲西缘是平静的，只有厚度不大的从古大陆剥蚀来的沉积物（带点子的区域）。

B 图表示的是中生代的三叠、侏罗纪时期，距今大约 2 亿年的情况。这时大洋岩石圈（虚线的区域）下插到大陆岩石圈之下，也就是发生了所谓俯冲作用。俯冲引起了发生在大陆边缘的一系列重要现象。

第一，在大洋岩石圈开始下弯的部位产生了一条古海沟。

　　第二，在下插大洋岩石圈的上部生成了岩浆，岩浆的运动用弯曲的箭头来表示；由于岩浆的上升，在曲折的海岸线之外形成了成串的现象。

　　第三，下插大洋岩石圈所引起的水平方向的压力使早先在大陆边缘形成的沉积层发生褶曲，并且在地表产生一系列山脉。

　　C 图表示的是事件进一步发展以后的情况。大家看到，在原来成串岛弧分布的区域又形成了一列雄伟的山脉。这是发生在白垩纪早期的事情，距今大约 1 亿年。在新旧两排山脉之间可能有残留的海水。从弯曲箭头所代表的岩浆发生源的位置来判断，新的火山将向东移动一段距离。

　　上面所说的俯冲作用一直持续到今天，雄踞在美洲西岸的落基山和安第斯山就是这一作用的产物。

　　以上叙述的过程虽然举的是太平洋东岸的例子，但是大体上可以代表整个环太平洋带的情况。我国的东部，包括贺兰山、六盘山、四川西部、云南东部诸山一线以东的广大地区，都处在环太平洋带作用的影响之下，对于研究发生在大陆边缘的各种作用，以及这一作用在大陆内部的各种反映，这是一个很重要的区域。

你知道吗

贺兰山脉

　　贺兰山脉位于宁夏回族自治区与内蒙古自治区交界处，北起巴彦敖包，南至毛土坑敖包及青铜峡。山势雄伟，似群马奔腾。蒙古语称骏马为"贺兰"，故名贺兰山脉。

　　在地球科学中，把受到大洋岩石圈俯冲作用的大陆边缘叫做活动大陆边缘，或太平洋型大陆边缘。

大西洋两侧的大陆边缘

　　中生代时期，大西洋两侧大陆边缘的情况跟上面说的环太平洋大陆边缘的情况不同。它们的区别主要在于，这里没有发生大洋岩石圈的俯冲作用。这种没有受到大洋岩石圈俯冲作用的大陆边缘叫稳定大陆边缘，或大西洋型大陆边缘。

大西洋两侧大陆边缘的情况跟前面 A 图所表示的古生代晚期古太平洋边缘的情况相似，只有单纯的沉积作用。由于在这样的区域有丰富的浅海生物，它们死后的遗体随着沉积物一起被埋藏在海底，日久天长，富含生物遗体的沉积物往往能够积累到几千米厚。在一定的条件下，生物遗体转化成石油，并且在孔隙比较多的沉积物里富集起来。所以这类地区早已被寻找石油资源的科学家们所瞩目。

为什么俯冲作用在太平洋边缘而不在大西洋边缘发生呢？比较普遍的解释是这样的：

软流圈物质沿着一个岩石圈裂缝上涌所形成的新大洋岩石圈仍然具有比较高的温度，所以这时它的密度和软流圈物质的密度相差不大。当新大洋岩石圈不断增生，先前形成的部分不断被推到离增生带越来越远的时候，温度也就越来越低了。读者都知道热胀冷缩的原理。逐渐变冷的大洋岩石圈体积收缩，密度逐渐增大，终于变得比它下面的软流圈物质的密度大了。重的东西被托在轻的东西之上是不稳定的，随时都有沉入轻的东西的趋势。只有当一个大洋扩张到一定的程度，或者说达到一定的宽度，在它边缘部分才会发生大洋岩石圈沉入软流圈的情况，也就是说才有发生俯冲作用的可能性。

当然我们不能说现代的大西洋东、西边缘部分的岩石圈密度不比下面的软流圈密度大，但是大洋岩石圈开始它的俯冲运动还需要克服阻力，要有一定条件，情况是复杂的。可以这样说，扩张到今天的大西洋还没有具备开始俯冲作用的条件。也许再过几百万年之后，它的边缘才会出现俯冲作用。

趣味点击　密度

在物理学中，把某种物质单位体积的质量叫做这种物质的密度，符号 ρ。其数学表达式为 $\rho = m/V$。在国际单位制中，质量的主单位是千克，体积的主单位是立方米，于是取 1 立方米物质的质量作为物质的密度。对于非均匀物质则称为平均密度。

◎ 新生代时期

新生代时期的划分

新生代，顾名思义是新的生命的时代，从新生代开始，生物的面貌跟现在生活在地球上的生物面貌越来越接近了。它是地质历史时期中最新的一个时代，包括现代在内。

从延续的时间看，整个新生代是 6700 万年，不过相当于古生代时期的一个纪的时间。

新生代由第三纪和第四纪两个纪组成。这两个纪的名称早在 18 世纪就已经出现，欧洲地质工作的先驱者曾经把西欧南部的地层从老到新划分成原始系、第二系、第三系和第四系。前两个系早已被更加详尽的划分所代替，名称不再使用。后两个系的名称却沿用到现在。

第三纪的时间是从距今 6700 万年至距今 250 万年，第四纪更短，从距今 250 万年到现在。第三纪和第四纪交界的年代，现在的意见不一。

第三纪一般可以进一步划分成两段：老第三纪和新第三纪，也有的国家把它们当做独立的两个纪对待。老第三纪从老到新由古新世、始新世、渐新世组成；新第三纪从老到新由中新世、上新世组成。至于第四纪，它由更新世和全新世组成。全新世从距今 1 万年前开始。

新生代延续的时间虽然相对地比较短，但是正是在这个时期里，地球表面的海陆分布、气候状况、生物界面貌逐渐演变到现代的样子。特别是第四纪，它有很多特点。这个时期的沉积物因为形成不久，变成岩石的作用还没有完成，容易遭到破坏和再沉积，所以第四

拓展阅读

进 化

在生殖过程中，遗传物质发生重组和突变，使亲代和子代以及子代不同个体之间出现变异的现象称为进化。

纪沉积的类型和分布跟地壳的最新构造活动的关系极其密切。第四纪因为时间很短，生物还来不及有多么显著的变化，所以跟以前各纪都不同，它的进一步划分主要是根据这个时期气候的变化，生物进化标志已经退居次要地位。第四纪还是"万物之灵"的人类的时代，因而过去也有人把第四纪叫做"人类纪"。

因此，对新生代、特别是第四纪时期地球演变的研究跟认识人类的诞生、认识人类所处的环境有密切关系。换句话说，人们可以根据这一时期的研究认识过去环境的演变规律，进而更深刻地认识它现在的特征，并且预测它的未来。

新生代时期的造山运动

新生代时期最突出的事件是非洲跟欧洲的接近和南亚次大陆跟亚洲大陆的相撞。

它的结果使一部分岩石圈上层物质互相推挤，形成了横亘于南北半球之间、绵延几乎达到地球半周的最雄伟的山系和高原。这条山系没有统一的名称，它西起非洲北部的阿特拉斯山，经南欧的阿尔卑斯山，东延喀尔巴阡山，接高加索山、土耳其和伊朗的高原和山地、帕米尔高原和山地，再向东就是最有名的世界屋脊喜马拉雅山和我国的青藏高原，再向东南去，中南半岛和印尼诸岛的山脉也都跟它相连。

这就是阿尔卑斯造山运动和喜马拉雅造山运动的产物。

新生代时期，环太平洋火圈进一步发展。

太平洋底跟周边大陆的相互挤压作用使大陆边缘的构造带持续发生强烈的变形和岩浆作用，并且伴有强烈的地震活动，这些作用一直到现在还在进行着。

环太平洋带地区在新生代时期跟中生代时期不同现象是，在它的北部和西部，在海沟和它相伴的岛弧后面，也就是岛弧和亚洲大陆之间，存在着一系列的边缘海。自北而南，它们的名称是：白令海，鄂霍次克海，日本海，中国的黄海、东海、南海，菲律宾海，以及环绕在大洋洲北面和东面的诸海。

这一系列边缘海，无论从地理或地质的意义上讲，都不是真正的大洋，它们的形成原因到现在仍然是一个存在争论的问题。不过近些年来的研究工作表明，它们的形成还是跟太平洋板块向着亚洲大陆的俯冲作用有关。

相对比较刚硬的大陆也不是铁板一块，而是被各个地质历史时期的运动所形成的断裂切割成大大小小的块体。因为这些块体都被断裂所围限，所以把它们称做断块。断块在大陆边缘各种作用的影响之下发生互相推挤、拉开或相对升降。表现得最清楚的是因断块有升有降而形成山地、高原或盆地、平原。

下面我们以东亚大陆作为例子，说明一下发生在这里的断块运动。

大体上以我国的贺兰山——龙门山这条南北走向的线作为界线，东亚大陆分成了东西两半。在这两部分大陆内部的断块运动的表现有所不同。

右图是东亚大陆第三纪以来的盆地（用阴影线表示）分布图。

首先我们看东部，第三纪以来的盆地虽然大小各不相同，但是大部分呈长条形状，而且盆地延长的方向大都是北偏东。分布在我国东北和广西境内的盆地里，因气候潮湿、古植物繁茂而含有煤层；而华北一带古气候

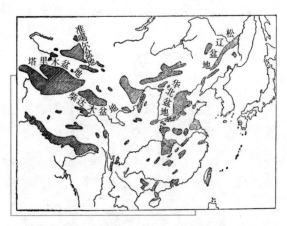

东亚大陆第三纪以来盆地分布图

干燥、潮湿相间，并且有几次海水的浸漫，华南一带的盆地里主要是红色碎屑岩，反映这里在当时是干旱气候条件下的山间盆地。晚第三纪到第四纪时期，华北、东北的盆地面积扩大，渐渐地形成今天我们见到的华北平原和松辽平原的面貌。在华北平原以西的山区，在第四纪时期除了有些地区发育有河湖的沉积以外，还在一些岩洞里发育有洞穴堆积物，如驰名中外的"北京人"头盖骨发掘地周口店龙骨山，就发育有很好的第四纪洞穴堆积物。华南

地区在晚第三纪到第四纪期间不断上升，曾经存在过比较陡峻的地形，在高出当时雪线位置的地区可能发育了山岳冰川。

雪线

雪线——常年积雪的下界，即年降雪量与年消融量相等的平衡线。雪线以上年降雪量大于年消融量，降雪逐年加积，形成常年积雪，进而变成粒雪和冰川冰，发育冰川。雪线是一种气候标志线。其分布高度主要决定于气温、降水量和地形条件。高度从低纬向高纬地区降低，反映了气温的影响。

西部的盆地，如天山以北的准噶尔盆地、天山以南的塔里木盆地、青海省的柴达木盆地等，自第三纪以来不断下降，并且接受来自剥蚀区的岩屑，同时环绕盆地的山区又不断上升，两种现象相伴发生。盆地的下降和山区的上升从第三纪早期就已经开始，到了晚第三纪加速发展，这种趋势一直持续到现在。西部盆地除塔里木盆地的西部在第三纪早期曾经遭到海水侵入之外，大都处在内陆干旱气候条件下。

上面所说的东部和西部盆地延长方向的不同是因为控制它们发育的边缘断裂的方向不同。我们看到，东部盆地的延长方向大体上都平行于环太平洋带西支的方向，而西部盆地的延长方向大都平行于特提斯带的方向。这种现象说明，大陆内部地质发展是受大陆边缘构造带活动的影响的。

知识小链接

盆地

盆地，顾名思义，就像一个放在地上的大盆子，所以，人们就把四周高（山地或高原）、中部低（平原或丘陵）的盆状地形称为盆地。地球上最大的盆地在东非大陆中部，叫刚果盆地或扎伊尔盆地，面积相当于加拿大的 $\frac{1}{3}$。这是非洲重要的农业区，盆地边缘有着丰富的矿产资源。

第四纪的气候变化和冰期

设想一下，如果全世界的海水平面突然升高了 100 多米，那时将会是什么样的情景呢？大片的滨海平原和低洼地区被淹没，地球表面的景观将有很大的变化。不言而喻，气候也会随着发生改变。

这样的设想并不是没有根据的。不少地球科学家研究了位于地球南北两极的冰盖以及许多山岳冰川的消融或增长对海水平面变化的影响。有人认为，第四纪极地的冰盖和山岳冰川增长到最大的时期，所谓最大冰期，海水平面比现代的海平面低 101 米；

> **趣味点击　冰　川**
>
> 冰川或称冰河是指大量冰块堆积形成如同河川般的地理景观。在终年冰封的高山或两极地区，多年的积雪经重力或冰河之间的压力，沿斜坡向下滑形成冰川。受重力作用而移动的冰河称为山岳冰河或谷冰河，而受冰河之间的压力作用而移动的则称为大陆冰河或冰帽。两极地区的冰川又名大陆冰川，覆盖范围较广，是冰河时期遗留下来的。冰川是地球上最大的淡水资源，也是地球上继海洋之后最大的天然水库。

而在这个最大冰期之后，海水平面又上升到比现代海面高 10 米。

应用同位素技术来恢复古海水的温度，太平洋的赤道区洋底海水温度从新第三纪开始到第三纪末的 3000 万年中下降了 8℃，而最近的仅仅 200 万年中又降低了 8℃，可见第四纪过程中全球性变冷的趋势相当强烈。

最早是在 20 世纪初，已经有人以阿尔卑斯山区（南欧）的研究作为基础，把第四纪划分成冰期和间冰期。到 20 世纪 30 年代，德国地质学家埃比尔做了更加详细的划分，自老而新共建立了 5 个冰期。经后人的订正和配上时标，如下页的表所示。

经过大陆之间的对比研究，现在已经证明，以上划分的冰期具有全球大体上的同时性。换句话说，每一次冰期来临，都造成全球性气温下降，极地冰盖增大，雪线降低，山岳冰川发展。在两次冰期之间的间冰期，气候转暖，冰盖和冰川退缩，同时还伴随有普遍海浸作用。我们现在正处在玉木冰期的冰后期。

这5次冰期中以利斯冰期最强。这个时期地球表面被冰覆盖的面积是现代覆盖面积的3倍。另一方面，由于冰增多，最终要依靠蒸发到大气中的海水来补给，所以海水面要相应地比现代的大大低下。最突出的是东亚大陆邻近太平洋地带的情况，当时不仅中国、朝鲜、日本都连成一片，就连鄂霍次克海和白令海也是没有的。亚洲和美洲之间也以宽宽的陆地相连接。

第四纪冰期的划分

第	全 新 世		冰 后 期
	更	1	玉 木 冰 期
		6.5	利 斯-玉 木 间 冰 期
		10	利 斯 冰 期
四	新	23	明 德-利 斯 间 冰 期
		30	明 德 冰 期
			恭 兹-明 德 间 冰 期
		70	恭 兹 冰 期
纪	世	180万年	多 瑙 冰 期

我国第四纪冰期的划分是由卓越的地质学家李四光根据江西省庐山和云南大理地区的研究所奠定的。就现在所知，在我国境内只有山地冰川，冰期共有4次，自老而新依次是鄱阳冰期、大姑冰期、庐山冰期、大理冰期。

地球的形状

　　人类对地球形状的探索延续了几千年，中国的古人都认为地球是天圆地方的，可事实是这样的吗？有一位伟大的冒险家认为地球是圆的，他就是麦哲伦，环球航行证实了大地球形说的正确性。后来，为了更好地划分地球上的位置，人们开始用经纬网定位了。

◆ 地球古论

地球是绕太阳运转的一颗行星。对于它的形状，也许不用多谈，大家就已经知道地球是个南、北两极略扁平的椭球体。但这也不是一下子就认识到的，而是经过了多少世纪的探索，唯物论和唯心论、科学和宗教长期的艰苦斗争，才逐步确立起来的。

在我国古代，曾流传着"天圆如张盖，地方如棋局"的天圆地方说。希腊也有人将地球描写成被一条大洋河团团围住的圆，"汹涌的河水在丰饶的地盾的边缘上翻滚"，"在海洋的边缘上，张起了圆形天幕似的天穹"。以后又有人提出地球是个"立方体"、"圆柱体"、"像只船"等唯心论的说法。后来，经过了许多世纪，人们在长期的社会生产实践中，才逐渐抛弃了这些荒谬的东西，冲破了唯心论思想的束缚，打开了一条认识真理的道路。

拓展阅读

太 阳

太阳是距离地球最近的恒星，是太阳系的中心天体。太阳系质量的99.87%都集中在太阳。太阳系中的八大行星、小行星、流星、彗星、外海王星天体以及星际尘埃等，都围绕着太阳运行。

古代的游牧民族在各处流动放牧，需要经常定出方向，确定所在地的位置，于是他们学会了根据太阳和恒星来辨别方向。经过长期的观测，他们不但看到太阳、星星每天从东方升起，沿着圆弧移动，在西面的天地间徐徐落下，而且还观察到了各颗星星之间保持着相对的位置。人们面对着这些自然现象提出了一个问题：如果说，地是一个没有尽头的平面，上边盖着天穹，那么，各个天体又怎么能够每天从东方升起在西方落下，然后又重新在东方升起呢？由于当时人们还没有认识到地球的真实形状，也就不能正确地回答这个问题。随着航海事业的发展，当人们乘船航行，向远处望去时，总是看到海面逐渐向下弯曲，形成一个大圆弧，天空的边缘就落在这个大圆弧上，真是天连海，海连天。可是，天空和海洋相会的边缘，谁也不能到达。当人们遥望从远处海面驶来的船只时，总是先看见桅杆顶，再看见风帆，然后才看见船身；当船向着多山的海岸行驶时，船上的人最先看见的是山顶，然后才看见山脚。但是，当船只离岸向远海行驶时，最先隐没的却是山脚，而后才是山顶。人们经过长期的观察后发觉到，只有站在凸面上才有可能看见这种种现象，从而开始认识到了地球表面是一个凸出的曲面。直到 1519 年 5 月，麦哲伦的舰只从西班牙的港口出发。向西经过大西洋、太平洋和印度洋，于 1522 年 9 月又回到西班牙，完成了环球航行后，地球是个球体的结论才被最后确定了下来。

当然在此前后，也有许多人用其他方法来证明地球是球形的。如：人向南行，就见北方的星愈来愈低，最后没落在地平线以下；人向北行，看南方的星也是愈来愈低，最后没落在地平线下。对我们所熟悉的北极星也是一样，如果在北极地区看它，它正好在头上和地平面约成 90 度角，若在哈尔滨仰望北极星，它与地平面约成 45 度角，在济南

广角镜

地平线

地平线指地面与天空的分隔线，其更准确的说法是将人们所能看到的方向分开为两个分类的线：一个与地面相交，另一个则不会。在很多地方，真地平线会被树木、建筑物、山脉等所掩盖。取而代之的是可见地平线。然而，如果身处海中的船上，则可以轻易看到真地平线。

看北极星，它与地平面约成 36 度角，在海南岛的海口市看北极星，它与地平面只约成 20 度角了。如果地球不是球形就不能出现这种现象。

又如，在月食的时候，地球正好运行在太阳和月球之间，在月球表面出现圆弧形的地球影子，人们通过影子的外形也可分析出地球是球形的。

我们平常说的"登高望远"，也是一个很好的证明。如我们站在平坦的

原野上，最远只能看到 4 千米左右的地方；如果登上 20 米的高山，就可以看到 16 千米远的地方；如果我们乘坐飞机，飞到 1000 米的空中，那就可以看见 113 千米远的地方了；如果飞机飞到 5000 米高空，我们的视界就可扩大到 252 千米的地方。那么登高为什么能望远呢？就是因为地球不是一个平面而是一个球体。以上事实都证明了地球是个球体，地圆学说也就为大多数人所接受，"地球"这一名称也就被确定下来了。

➡ 经线和纬线

地球既然被简化成了球体，但是，上面又没有任何的界线，怎样在地球上确定各地的位置呢？为了解决这个问题，古代劳动人民就利用经线、纬线形成的经纬网来确定地理位置。每当我们翻看地图时，总看到上面有许许多多纵横交错的线，我们称这些线为经、纬线。在地图上南北方向，连接地球南极和北极的线，叫经线。我国古时候用来测定方向的罗盘上面，按子、丑、寅、卯、辰、巳、午、未、申、酉、戌、亥十二个字排列，以"子"字代表北方，"午"字代表南方。因此，我们又把这种表示南北方向的线称为子午线。

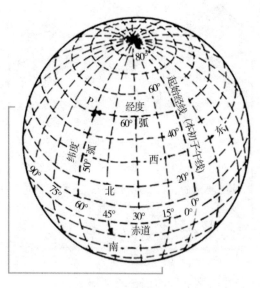

经线和纬线

两条相对的经线构成一个经线圈。沿着任何一个经线圈，都可以通过地轴把地球平切成两半；每半的平面叫做经线平面。两个经线平面在地心处所构成的夹角叫做经度。因为地球是球体，所以经度一共有 360 度。

知识小链接

罗 盘

　　罗盘——风水术语，是理气宗的操作工具，主要由位于盘中央的磁针和一系列同心圆圈组成，每一个圆圈都代表着中国古人对于宇宙大系统中某一个层次信息的理解。

　　经线在地球上纵列着，计算经度时从哪一条经线开始呢？在 90 多年前，世界各国都是把通过本国首都的子午线当作经度的起点。我国也曾以通过北京泡子河天文台的子午线当作起点。当时的情况是很混乱的。直到 1884 年，各国在华盛顿举行的国际子午线会议上，才决定以通过英国伦敦格林威治天文台的子午线为计算经度的起点，定为 0 度，并把这一条经线叫作本初子午线。从本初子午线向东、西各分为 180 度。本初子午线以东的 180 度叫作东经；本初子午线以西的 180 度叫作西经。东经 180 度和西经 180 度实际上是一条线，因此，这一条经线就不分东经、西经，只称 180 度的经线。

趣味点击　　子午线

　　子午线也称经线，和纬线一样是人类为度量方便而假设出来的辅助线，定义为地球表面连接南北两极的大圆线上的半圆弧。任意两根经线的长度相等，相交于南北两极点。每一根经线都有其相对应的数值，称为经度。经线指示南北方向。

　　一条经线有多长呢？目前国际上通用的"米"，就是根据经线的长度定出来的。即是把从北极到赤道的经线分成 1000 万等份，每一份的长度定为 1 米。由北极到赤道是地球经线圈的 $\frac{1}{4}$，由此可知，地球的经线圈长约 4 万千米，一条经线则长约 2 万千米。

　　在地图上与经线垂直，东西方向的线叫纬线。环绕地球的纬线叫纬线圈。因为地球是个球体，纬线圈的大小不一样，其中最大的纬线圈称为赤道。沿着赤道可把地球平切成两半，这个圆面称为赤道平面。在赤道沿经线圈向南或向北的任何地点上，与地心连成一条直线，这条直线和赤道平面形成的夹角的度数，叫作纬度。人们以赤道作为计算纬度的起点，定为 0 度。从赤道向南极和北极，纬度逐渐增加，到了南、北两极，纬度均是 90 度。在赤道以北的纬线叫北纬；赤道以南的纬线叫南纬。南纬 23.5 度叫南回归线；北纬 23.5 度叫北回归线。南纬 66.5 度叫南极圈；北纬 66.5 度就叫北极圈。我们通常又将 0 度～30 度的地区叫作低纬度地区；30 度～60 度的地区叫中纬度地区；60 度～90 度的地区叫高纬度地区。

经线与纬线是垂直相交的，经、纬线相交构成了经纬网。从经纬网无数的交点上，可以确定各地的地理位置。如我们伟大祖国的首都北京，就是在东经 116 度 24 分、北纬 39 度 54 分。轮船在海上航行，飞机在高空中飞行，都可以利用经纬网来确定所在地的地理位置。

地球的厚被——大气圈

　　大气圈是各种天气现象发生的场所。随着人口的增加和经济的快速发展，越来越多的废弃物排入大气，破坏了臭氧层。全球变暖导致冰川融化，海平面上升，极端天气增多，危害了地球生命和全球生态系统，产生了对环境和人类健康造成恶劣影响的空气污染物。人类活动对大气造成的局部和全球性影响，也呼吁人类从自身做起，保护环境。

 大气圈的形成

地球是太阳系中的一个成员，是无限宇宙中的一颗渺小的星星；但就地球本身来说，它的里里外外，又可分为好几个圈层。

在地球的外围，包围着一层大气，人们把这层大气称为"地球的大气圈"，简称大气圈。它像一层厚厚的外套罩着地球，人类就生活在这大气的海洋里。大气直接影响着人类的生产与生活，它和人类的生存息息相关。

地球的大气圈是怎样形成的呢？这个问题一直受到人们的注意和研究。但由于大气圈是在人类社会出现以前形成的，它的成因比较复杂，并且又与地球的起源、演化有着直接的关系。所以到目前为止，还没有一个完善的解释。比较一致的看法为：最初，当地球刚刚由星际物质凝聚成疏松的地球团时，空气不仅包围在地球表面，而且也渗透在地球内部。那时的空气成分以氢为主，约占整个气体成分的90%。此外，还有一些水汽、甲烷、氨、氦及一些惰性气体。

以后，由于地心引力的作用，这个疏松的地球团就逐渐收缩变小。于是，包含在地球

广角镜

甲　烷

甲烷在自然界分布很广，是天然气、沼气、油田气及煤矿坑道气的主要成分。它可用作燃料及制造氢气、碳黑、一氧化碳、乙炔、氢氰酸及甲醛等物质的原料。化学符号为 CH_4。

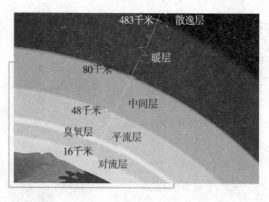

大气层

483千米　散逸层

暖层

80千米

中间层

48千米

臭氧层　平流层

16千米

对流层

内部的空气就被排挤出来，散逸到宇宙太空中去。到地球团收缩到一定程度后，收缩的速度便渐渐变慢，与此同时，地球的温度也渐渐降低，地壳便开始凝固起来。最后被排挤出来的一部分空气，就被地心引力拉住包围在地球的表面，形成了大气层。当时的大气层是很稀薄的，它的成分仍是氢、水汽、氦、甲烷、氨及一些惰性气体。

地壳形成以后，在古老的地质年代里，地壳内部又因放射性元素的不断发热，造成地层的大调整，使地壳的某些地方发生断层和褶皱。包含在岩石和地层中的一些气体，便被大量释放出来，补充到稀薄的大气层内。这时，大气上层已经有了水蒸气，它们在太阳光线的照射下，一部分被分解为氢和氧。这些分解出来的氧，一部分与氨中的氢结合，使氨中的氮分离出来；一部分与甲烷中的氢结合，使甲烷中

拓展阅读

放射性元素

放射性元素（确切地说应为放射性核素）是能够自发地从不稳定的原子核内部放出粒子或射线（如 α 射线、β 射线、γ 射线等），同时释放出能量，最终衰变形成稳定的元素而停止放射的元素。这种性质称为放射性，这一过程叫做放射性衰变。含有放射性元素的矿物叫做放射性矿物。

的碳分离出来，碳又与氧结合成为二氧化碳。这样，大气圈内的空气，主要成分就变成为水蒸气、氮、二氧化碳和氧了。不过，那时候的二氧化碳比现在多，而氧则比现在少。

大约在 18 亿年以前，水里面开始有了生物；在七八亿年前，陆地上开始出现植物。当时大气中二氧化碳含量比较多，十分有利于植物的光合作用，使植物生长的非常繁茂。植物的光合作用，吸收了大气中的二氧化碳，放出了氧，使大气中的含氧量增加。大约在 5 亿年以前，地球上的动物增加很快，动物的呼吸，又使大气中的部分氧转化为二氧化碳。

地球上的动植物增多后，当动物的粪便和动植物的躯体腐烂时，蛋白质的一部分变为氨和铵盐，另一部分直接分解出氮，变为氨和铵盐的一部分，

通过硝化细菌和脱氧细菌的作用，变为气体氨，进入大气。由于氮是惰性气体，在正常温度下不容易与其他元素化合，因此大气中的氮也就越积越多，最后达到了现在大气中的含氮量。从此，近地面的大气就变成了现在的成分，即氮约占78%，氧约占21%，氩约占1%，其他微量气体的总和占不到1%。

知识小链接

硝化细菌

硝化细菌是一种好氧性细菌，包括亚硝化菌和硝化菌。生活在有氧的水中或砂层中，在氮循环水质净化过程中扮演着很重要的角色。

大气圈的厚度

地球上的大气圈有多厚？也就是说从地球表面向上有多高，才能到达大气圈的最上边沿？对于这个问题，人们在很久以前，就已开始探索研究。

最初，人们是根据云的高度来确定大气圈的厚度。我们知道，云是漂浮在大气中的细小水滴或冰晶组成的。有云的高空，一定有大气的存在。根据对普通常见云的观测，最高的云可达10～15千米。因此，最初人们认为大气圈的厚度在15千米以上。

流星是宇宙中的小天体，当它进入地球大气圈以后，因为它以每秒20到100千米的速度运动，与空气摩擦生热而发光。于是，人们又根据流星出现的高度，来确定大气的厚度。流星一般开始出现在70～120千米的高空，因此人们就认为大气圈的厚度也就在70～120千米以上。

日出以前，天空便开始发亮，日落以后，天空并不立即变暗。我们把这种日出以前和日落以后的天空皓亮现象，称为"曙暮光"，曙暮光是由于高层大气分子被太阳照射以后散射出的光亮。因此，根据测量曙暮光的高度，又确定大气圈的厚度在 280 千米以上。

在两极地区的上空，常常可以出现五彩缤纷的放电现象，人们把它称为"极光"。极光是太阳辐射出来的电子流，进入高空稀薄的大气层后，产生的一种放电现象。因为地球是一个大磁场，所以极光仅出现在地球南极和北极地区的上空。根据对极光的测定，大气圈的厚度又在 1200 千米以上。

人造地球卫星的上天，为人类进一步征服自然界开辟了新纪元。人造地球卫星到达了人类从来没有去过的高空，为我们搜集了大批研究高层大气的情报。根据近年来人造地球卫星探测的资料，地球大气圈的厚度应在 3000 千米以上。

大气圈的厚度究竟是多少呢？这还要很好地研究才能解决。我们知道：空气是一种可以压缩的流动气体，在地球引力的作用下，上层空气压在下层空气的上面，下层空气的密度就被压得变大了，离地面越高的地方，受到上层的空气的压力越小，所以越往上去，空气的密度越小，空气就越稀薄了。所以大气圈的最上层，没有一个明显的界限。因此，要确定大气圈的厚度是比较困难的。

◆ 大气圈的构造

在 3000 多千米厚的大气圈里，人们生活在近地面的大气层中，对于近地面的大气情况，通过长期的反复实践，有了一定的了解。但是，高空中的大气是什么样呢？很久以来人们就在探索。

早在 18 世纪中叶，人们就开始利用风筝把气象仪器带到空中去观测大气。但是，风筝只能上升到二三千米的高度，而且在风小时还升不起来，风大时又容易发生危险。到 18 世纪末期，人们发明了载人气球，用氢气球将人和气象仪器带到空中，进行探测。虽然获得了大气中的一些资料，但是这种方法既笨重又不经济，在探测高度上也是有限的。到了 20 世纪 30 年代，随着电子技术的发展，发明了无线电探空仪，用氢气球将气象仪器和无线电发报

趣味点击 无线电

无线电是指在自由空间（包括空气和真空）传播的电磁波，是其中的一个有限频带，上限频率在 300GHz（吉赫兹），下限频率较不统一，在各种射频规范中，常见的有 3KHz ～ 300GHz（ITU – 国际电信联盟规定），9KHz ～ 300GHz，10KHz ～ 300GHz。

机带到高空中去。随着无线电探空仪的上升，气象仪器把沿途测量到的大气温度、大气湿度、大气压力等气象数值，通过无线电讯号不断地发回到地面接收站。此时，才算比较圆满地解决了空中的探测问题。以后，人们随着生产和军事科学的进展，对大气的探测又提出了新的更高的要求，利用无线电探空仪探测大气高层的气象资料已远远不能满足要求了。经过广大科学工作者的努力，终于发明了气象火箭、气象雷达、气象卫星等，从而，人们对于大气高层的气象资料有了进一步的了解。

气象工作者根据用各种方法探测到的高空气象资料，按照气温和空气运动的特点，把大气圈分成对流层、平流层、中间层、热层和外层。

◎ 对流层

对流层是大气圈的最下层，它的高度在各地是不同的。赤道附近的地区，对流层的平均高度约十七八千米；两极附近的地区，对流层的平均高度约八九千米；在中纬度地区，对流层的平均高度约为 10 ～12 千米。在对流层内，空气温度随高度增加而降低，平均每上升 100 米，气温就下降 0.65℃。因为，下面的空气温度高，密度小；上面的空气温度低，密度大，所以下面的空气就不断上升，上面的空气便跑下来补充上升的空气。这样在对流层内就发生了上上下下不停的对流运动。对流层

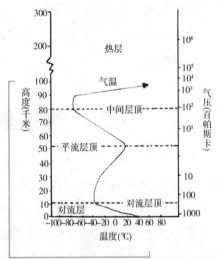

大气圈结构

之名就是由此而来。对流层对地面的影响最大，我们经常看到的天气现象如云、雨、雪、雹等都发生在这一层内。

基本小知识

对流层

对流层是地球大气层靠近地面的一层。它同时是地球大气层里密度最高的一层，它蕴含了整个大气层约75%的质量，以及几乎所有的水蒸气及气溶胶。

◎ 平流层

从对流层向上到五六十千米的高空称为平流层。在平流层内，气温随高度增加而增加。平流层内的气流比较平稳，几乎没有什么对流运动，因此，比较适合飞机的飞行。这一层内的空气以水平运动为主，所以称为平流层。平流层内空气比对流层内稀薄得多了，水汽、尘埃的含量也很少，经常是晴空万里，偶尔可以看见贝壳色彩的贝母云。

◎ 中间层

从平流层向上到八九十千米的高空称为中间层。在中间层内，气温随高度的增加而下降。中间层内尚有少量的水汽存在，因此，有时可以看见银白色的夜光云。

◎ 热　层

从中间层向上到800千米左右的高空称为热层。这一层内的温度很高，而且温度的昼夜变化很大。

◎ 外　层

热层以上称为大气的外层。在外层内，空气温度更高，空气非常稀薄，一些高速运动的空气分子，可以挣脱地球引力，冲破其他分子的阻力而散逸到宇宙空间去，因此这一层又称为散逸层。

大气圈除根据气温和空气运动的特征划分为 5 层外，它还可以根据其他的物理特征来划分层次。如根据大气的电离现象，可以把大气划分为非电离层和电离层。非电离层是指离地面大约 60 千米以下，在这一层内，大气处于非电离状态。电离层是指离地面大约 60 千米以上，在这一层内，大气处于电离状态。它又可划分为 D 层、E 层、F 层、G 层，它们的高度和电离程度经常在变化，其中以离地面 80 ～500 千米的高空，电离程度比较高。电离层可以反射无线电波，所以它对无线电通讯具有重要的意义。

大气中的锋与天气

锋是冷暖气团之间的狭窄、倾斜过渡地带。因为不同气团之间的温度和湿度有相当大的差别，而且这种差别可以扩展到整个对流层，当性质不同的两个气团，在移动过程中相遇时，它们之间就会出现一个交界面，叫做锋面。锋面与地面相交而成的线，叫做锋线。一般把锋面和锋线统称为锋。所谓锋，也可理解为两种不同性质的气团的交锋。

由于锋两侧的气团性质上有很大差异，所以锋附近空气运动活跃，在锋中有强烈的升降运动，气流极不稳定，常造成剧烈的天气变化。因此，锋是重要的天气系统之一。

锋是三维空间的天气系统。它并不是一个几何面，而是一个不太规则的倾斜面。它的下面是冷空气，上面是暖空气。由于冷空气比暖空气重，因而，它们的交接地带就是一个倾斜的交接地区。这个交接地区靠近暖气团一侧的界面叫锋的上界，靠近冷气团一侧的界面叫锋的下界。上界和下界的水平距离称为锋的宽度。它在近地面层中宽约数十千米，在高层可达 200 ～400 千米。而这个宽度与其水平长度相比（长达数百到数千千米）是很小的。因此，人们常把它近似地看成一个面，称为锋面。锋面与空中某一平面相交的区域称为锋区（上界和下界之间的区域）。

知识小链接

暖气团

空气温度高于地面或海面温度的气团。在移动中把热量不断传给地面或海面，使所经地区变暖而本身逐渐变冷。影响中国的暖气团主要来自热带海洋，水汽丰沛，若遇北方冷气团，则往往凝云致雨，造成大范围的天气变化。

锋是两种性质不同的气团相互作用的过渡带，因而锋两侧的温度、湿度、稳定度以及风、云、气压等气象要素具有明显差异，可以把锋看成是大气中气象要素的不连续面。

（1）锋面有坡度：锋面在空间向冷区倾斜，具有一定坡度。锋在空间呈倾斜状态是锋的一个重要特征。锋面坡度的形成和保持是地球偏转力作用的结果。一般锋面的坡度在 $\frac{1}{50} \sim \frac{1}{200}$，由于锋面坡度很小，锋面所遮掩的地区必然很大。如坡度为 $\frac{1}{100}$，锋线长为 1000 千米、高为 10 千米的锋，其掩盖的面积可达 100 万平方千米；由于有坡度，可使暖空气沿倾斜面上升，为云雨天气的形成提供有利条件。

（2）气象要素有突变：气团内部的温、湿、压等气象要素的差异很小，而锋两侧的气象要素的差异很大。

温度场：气团内部的气温水平分布比较均匀，通常在 100 千米内的气温差为 1℃，最多不超过 2℃。而锋附近区域内，在水平方向上的温度差异非常明显，100 千米的水平距离内可相差近 10℃，比气团内部的温度差异大 5～10 倍；在垂直方向上，气团中温度垂直分布是随高度递减的。然而锋区附近，由于下部是冷气团，上部是暖气团，锋面上下温度差异比较大，锋面往往是逆温层。

气压场：锋面两侧是密度不同的冷、暖气团，因而锋区的气压变化比气团内部的气压变化要大得多。锋附近区域气压的分布不均匀，锋处于气压槽中，等压线通过锋面有指向高压的折角，或锋处于两个高压之间气压相对较低的地区，等压线几乎与锋面平行。

锋附近风场：风在锋面两侧有明显的逆向转变，即由锋后到锋前，风向呈逆时针方向变化。

（3）锋面附近天气变化剧烈：由于锋面有坡度，冷暖空气交绥，暖空气可沿坡上升或被迫抬升，且暖空气中含有较多的水汽，因而，空气绝热上升，水汽凝结，易形成云雨天气。由于锋面是各种气象要素水平差异较大地区，能量集中，天气变化剧烈。所以，锋是天气变化剧烈的地带。

你知道吗

气象要素

气象要素是表明大气物理状态、物理现象的各项要素。其主要有：气温、气压、风、湿度、云、降水以及各种天气现象。扩大气象要素的概念，则它还可包括日射特性、大气电特性等大气物理特性；还有自由大气中的气象要素的说法。气象要素原则上还可以包括无法测定，但可求算的各基本要素的函数，如相当温度和空气密度等。

关于锋的分类，目前主要有两种分类方法：

（1）根据锋面两侧冷暖气团的移动方向及结构状况，锋可以分为下列4种。

冷锋：是冷气团向暖气团方向移动的锋。暖气团被迫而上滑，锋面坡度较大，冷暖两方中，冷气团占主导的地位。

暖锋：是暖气团向冷气团方向移动的锋。暖气团沿冷气团向上滑升，锋面坡度较小，冷暖两方中，暖空气占据主导地位。

准静止锋：是冷暖气团势力相当，使锋面呈来回摆动，这种锋的移动速度很小，可近似看作静止。

锢囚锋：是冷锋追上暖锋，将地面空气挤至空中，地面完全为冷空气所占据，造成冷锋后面冷空气与暖锋前部的冷空气相接触的锋面。如果前面的冷气团比较暖湿，后面的冷气团比较寒干，则后面的冷气团就楔入前面冷气团的底部，形成冷锋式锢囚锋；如果后面的冷空气不如前面的冷空气那样冷而干，则后面相对暖的冷气团会滑行于前面冷气团之上，形成暖式锢囚锋。

在冷式锢囚情况下，暖锋脱离地面，成为高空暖锋，位于锢囚锋之后面；在暖式锢囚情况下，冷锋离开地面，成为高空冷锋，位于锢囚锋的前面。

（2）按照锋所处的地理位置，从北到南分为：北极（冰洋）锋、温带锋（极锋）、热带锋。

冰洋锋是冰洋气团和极地气团之间的界面，处于高纬地区，势力较弱，位置变化不大。

极锋是极地气团和热带气团之间的界面，冷暖交绥强烈，位置变化大，对中纬地区影响很大。

基本小知识

赤　道

赤道是地球表面的点随地球自转产生的轨迹中周长最长的圆周线，赤道半径6378.137千米；两极半径6359.752千米；平均半径6371.012千米；赤道周长40075.7千米。如果把地球看做一个绝对的球体的话，赤道距离南北两极相等，是一个大圆。它把地球分为南北两半球，其以北是北半球，以南是南半球，是划分纬度的基线，赤道的纬度为0度。赤道是地球上重力最小的地方，也是地球上最长的纬线。

热带锋是赤道气流和信风气流之间的界面，由于两种气流之间的温差小，以气流辐合为主，可称为辐合线。它也有位置的季节变化，夏季移至北半球，冬季移至南半球。它多出现在海上，是热带风暴的源地。

此外，还有处于空中的副热带锋，处于特定条件下的地中海锋等。

冷锋是冷气团向暖气团方向移动形成的锋面。根据冷气团移动的快慢不同，冷锋又分为两类：移动慢的叫第一型冷锋或缓行冷锋，移动快的叫第二型冷锋或急行冷锋。

（1）第一型冷锋：这种锋面处于高空槽线前部，多稳定性天气。这种锋移动缓慢，锋面坡度不大（约$\frac{1}{100}$），锋后冷空气迫使暖空气沿锋面平稳地上升，当暖空气比较稳定，水汽比较充沛时，会形成与暖锋相似的范围比较广阔的层状云系，只是云系出现在锋线后面，而且云系的分布次序与暖锋云系相反，降水性质与暖锋相似，在锋线附近降水区内还常有层积云、碎雨云形成。降水区出现在锋后，多为稳定性降水。如果锋前暖空气不稳定时，在地面锋线附近也常出现积雨云和雷阵雨天气。夏季，在我国西北、华北等地，以及冬季在我国南方地区出现的冷锋天气多属这一类型。

（2）第二型冷锋：这是一种移动快、坡度大（$\frac{1}{40} \sim \frac{1}{80}$）的冷锋。锋后冷空气移动速度远较暖气团快，它冲击暖气团并迫使其强烈上升。而在高层，因暖气团移速大于冷空气，出现暖空气沿锋面下滑现象，由于这种锋面处于高空槽后或槽线附近，更加强了锋线附近的上升运动和高空锋区上的下沉运动。夏季，在这种冷锋的地面锋线附近，一般会产生强烈发展的积雨云，出现雷暴、冰雹等对流性不稳定天气。而高层锋面上，则往往没有云形成。所以第二型冷锋云系呈现出沿着锋线排列的狭长的积状云带，好似一道宽度约有 10 千米，高达 10 多千米的云堤。在地面锋线前方也常常出现高层云、高积云、积云。这种冷锋过境时，往往乌云翻滚，狂风大作，电闪雷鸣，大雨倾盆，气象要素发生剧变。这种天气历时短暂，锋线过后，天空豁然晴朗。在冬季，由于暖气团湿度较小，气温不可能发展成强烈不稳定天气，只在锋线前方出现卷云、卷层云、高层云、雨层云等云系。当水汽充足时，地面锋线附近可能有很厚、很低的云层，和宽度不大的连续性降水。地面锋过境后，云层很快消失，风速增大，并常出现大风。在干旱的季节，空气湿度小，地面干燥、裸露，还会有沙暴天气。这种冷锋天气多出现在我国北方的冬、春季节。

冷锋在我国活动范围甚广，几乎遍及全国，尤其在冬半年，北方地区更为常见，它是影响我国天气的最重要的天气系统之一。冬季我国大陆上空气干燥，冷锋大多从俄罗斯、蒙古进入我国西北地区，然后南下，从西伯利亚带来的冷空气与当地较暖的

你知道吗

风 速

风速，简而言之即风的速度，单位时间内风移动的距离。风速没有等级，风力才有等级，风速是风力等级划分的依据。一般来讲，风速越大，风力等级越高，风的破坏性越大。

空气相遇，在锋面上很少形成降水，所以，冬季寒潮冷锋过境时，只形成大风降温天气。冬季时多二型冷锋，影响范围可达华南，但移到长江流域和华南地区后，常常转变为一型冷锋或准静止锋。夏季时多一型冷锋，影响范围较小，一般只达黄河流域，我国北方夏季雷阵雨天气和冷锋活动有很大的关系。

当暖气团前进，冷气团后退，这时形成的锋面为暖锋。暖锋的坡度很小，约为 $\frac{1}{150}$。由于暖空气一般都含有比较多的水汽，且又是起主导作用，主动上升前进，在冷气团之上慢慢地向上滑升可以达到很高的高度，暖空气在上升过程中绝热冷却，达到凝结高度后，在锋面上便产生云系。如果暖空气滑升的高度足够高，水汽又比较充沛时，暖锋上常常出现广阔的、系统的层状云系。云系序列为：卷云、卷层云、高层云、雨层云。云层的厚度视暖空气上升的高度而异，一般情况下可达几千米，厚者可达对流层顶，而且愈接近地面锋线云层愈厚。暖锋降水主要发生在雨层云内，是连续性降水，降水宽度随锋面坡度大小而有变化，一般约 300～400 千米。暖锋云系有时因为空气湿度和垂直速度分布不均匀而造成不连续，可能出现几十千米，甚至几百千米的无云空隙。

知识小链接

空气湿度

　　空气湿度是表示大气干燥程度的物理量。在一定的温度下，一定体积的空气里含有的水汽越少，则空气越干燥；水汽越多，则空气越潮湿。空气的干湿程度叫作湿度。在此意义下，常用绝对湿度、相对湿度、比较湿度、混合比、饱和差以及露点等物理量来表示；若表示在湿蒸汽中液态水分的重量占蒸汽总重量的百分比，则称之为蒸汽的湿度。

在暖锋锋下的冷气团中，由于空气比较潮湿，在气流辐合作用和湍流作用下，常产生层积云和积云。如果从锋上暖空气中降下的雨滴在冷气团内发生蒸发，使冷气团中水汽含量增多，达到饱和时，会产生碎积云和碎层云。如果这种饱和凝结现象出现在锋线附近的地面层时，将形成锋面雾。以上是暖锋天气的一般情况，但是在夏季暖空气不稳定时，也可能出现积雨云、雷雨等阵性降水。在春季暖气团中水汽含量很少时，则仅仅出现一些高云，很少有降水。

明显的暖锋在我国出现得较少，大多伴随着气旋出现。春、秋季一般出现在江淮流域和东北地区，夏季多出现在黄河流域。

很少移动或移动缓慢的锋叫准静止锋。它的两侧冷暖气团往往形成"对峙"状态，暖气团前进，为冷气团所阻，暖气团被迫沿锋面上滑，情况与暖锋类似，出现的云系与暖锋云系大致相同。由于准静止锋的坡度比暖锋还小，沿锋面上滑的暖空气可以伸展到距离锋线很远的地方，所以云区和降水区比暖锋更为宽广。但是降水强度小，持续时间长，可能造成"霪雨霏霏、连日不开"的连阴雨天气。

准静止锋天气一般分为两类：①云系发展在锋上，有明显的降水。例如，我国华南准静止锋，大多是由于冷锋减弱演变而成，天气和第一型冷锋相似，只是锋面坡度更小，云区、降水区更为宽广，其降水区并不限于锋线地区，可延伸到锋面后很大的范围内，降水强度比较小，为连续性降水。由于准静止锋移动缓慢，并常常来回摆动，使阴雨天气持续时间长达十天至半个月，甚至一个月以上，"清明时节雨纷纷"就是江南地区这种天气的写照。这种阴雨天气，直至该准静止锋转为冷锋或暖锋移出该地区或锋消失以后，天气才能转晴。初夏时，如果暖气团湿度增大，低层升温，气层可能呈现不稳定状态，锋上也可能形成积雨云和雷阵雨天气。②主要云系发展在锋下，并无明显降水的准静止锋，例如昆明准静止锋，它是南下冷空气为山所阻而呈静止状态，锋上暖空气干燥而且滑升缓慢，产生不了大规模云系和降水，而锋下的冷空气沿山坡滑升和湍流混合作用，在锋下可形成不太厚的雨层云，并常伴有连续性降水。

我国准静止锋主要出现在华南、西南和天山北侧，出现时间多在冬半年，对这些地区及其附近天气的影响很大。

锢囚锋是由冷锋赶上暖锋或两条冷锋相遇，把暖空气抬到高空，由原来锋面合并形成的新锋面。它的天气保留着原来锋面天气的特征。例如，锢囚锋是由具有层状云系的冷、暖锋合并而成，则锢囚锋的云系也是层状云，并

分布在锢囚点的两侧。如果原来冷锋上是积状云，那么锢囚后，积状云与暖锋的层状云相连。锢囚锋的降水不仅保留着原来锋段降水的特点，而且由于锢囚作用，上升运动进一步发展，暖空气被抬升到锢囚点以上，使云层变厚、降水增加、降水区扩大。锢囚点以下的锋段，根据锋是暖式或冷式锢囚锋而出现相应的云系。锢囚锋过境时，出现与原来锋面相联系而更加复杂的天气。

我国锢囚锋主要出现在锋面频繁活动的东北、华北地区，以春季最多。东北地区的锢囚锋大多由蒙古、俄罗斯移来，多属冷式锢囚锋。华北锢囚锋多在本地生成，属暖性锢囚锋。

▶ 气旋与反气旋

大气中存在着各种大型的旋涡运动，有的呈逆时针方向旋转，有的呈顺时针方向旋转；有的一面旋转一面向前运动，有的却停留原地少动；有的随生随消，有的却出现时间相当长。它们就像江河里的水的漩涡一样。这些大型旋涡在气象学上称为气旋和反气旋。

气旋和反气旋是常见的天气系统，它们的活动对高低纬度之间的热量交换和各地的天气变化有很大的影响。

◎ 气旋和反气旋的特征

气旋是中心气压比四周低的水平旋涡。在北半球，气旋区域内空气作逆

时针方向流动，在南半球则相反；反气旋是中心气压高四周气压低的水平旋涡。在北半球，反气旋区域内的空气作顺时针方向流动，在南半球则相反。气旋和反气旋一般也称低压和高压。

在低层大气里，特别是在近地面附近，风向与等压线斜交，所以气旋在北半球是一个按逆时针方向旋转向中心汇集的气流系统；在南半球是按顺时针方向旋转向中心汇集的气流系统。由于气流从四面八方在气旋中心相汇，必然产生上升运动，气流升至高空又向四周流出，这样才能保证低层大气不断地从四周向中心流入，气旋才能存在和发展。所以气旋的存在和发展必须有一个由水平运动和垂直运动所组成的环流系统。因为在气旋中心是垂直上升气流，如果大气中水汽含量较大，就容易产生云雨天气。所以每当低气压（或气旋）移到本区时，云量就会增多，甚至出现阴天降雨的天气。

在低压层大气里，特别是在近地面附近，因为反气旋的气流是由中心旋转向外流动，所以，在反气旋中心必然有下沉气流，以补充向四周外流的空气。否则，反气旋就不能存在和发展，所以反气旋的存在和发展必须具备一个垂直运动与水平运动紧密结合的完整的环流系统。由于在

你知道吗

气　压

气压是作用在单位面积上的大气压力，即等于单位面积上向上延伸到大气上界的垂直空气柱的重量。著名的马德堡半球实验证明了它的存在。气压的国际单位是帕斯卡，简称帕，符号是 Pa。

反气旋中心是下沉气流，不利于云雨的形成，所以，在反气旋控制下的天气一般是晴朗无云。若是在夏季，则天气炎热而干燥。如果反气旋长期稳定少动，则常出现旱灾。我国长江流域的伏旱，就是在副热带反气旋长期控制下造成的。冬季，反气旋来自高纬大陆，往往带来干冷的气流，严重者可成为寒流。

气旋的直径一般为 1000 千米，大的可达 2000～3000 千米，小的只有 200～300 千米或者更小一些。反气旋大的可以和最大的大陆和海洋相比（如冬季亚洲的反气旋，往往占据了整个亚洲大陆面积的 $\frac{3}{4}$），小的直径也可达数百

千米。

◎ 气旋和反气旋的强度

气旋和反气旋的强弱不一。它们的强度可以用其最大风速来度量：最大风速大的表示强，最大风速小的表示弱。在强的气旋中，地面最大风速可达 30 米/秒以上。在强的反气旋中，地面最大风速为 20～30 米/秒。

气旋和反气旋的中心气压值常用来表示它们的强度。地面气旋的中心气压值一般为 970～1010 百帕，个别中心值有低于 930 百帕的。地面反气旋的中心气压值一般为 1020～1030 百帕，冬季寒潮高压最强的曾达 1078.9 百帕以上。

◎ 气旋和反气旋的分类

气旋和反气旋的分类方法比较多，按其生成的地理位置，气旋可分为温带气旋和热带气旋；反气旋可分为温带反气旋、副热带反气旋和极地反气旋。

按照结构的不同，温带气旋可分为锋面气旋、无锋面气旋；反气旋可分为冷性反气旋（或冷高压）和暖性反气旋（或暖高压）。

气旋之间，并不存在不可逾越的鸿沟。不同类型的气旋和反气旋，在一定条件下会互相转化。如锋面气旋可因一定条件转化为无锋面气旋（冷涡），无锋面气旋（热低压）可因一定条件转化为锋面气旋；冷性反气旋也可转化为暖性反气旋。气旋、反气旋都应看作是有条件的、可变动的、互相转化的。

你知道吗

百　帕

世界气象组织决定，今后气压单位既可用"百帕"，也可用"毫巴"，两者暂时并用，最后逐步统一使用"百帕"。简写符号 hPa，即为 100 个帕，正好与 1 毫巴相等。

气旋与反气旋天气，可以看成是以气旋和反气旋的空气运动特征为背景的气团天气与锋面天气的综合。

◎ 锋面气旋天气特征

锋面气旋天气是由各方面的因素决定的。锋面气旋的中部和前部在对流层中、下层主要以辐合上升气流占优势，但由于上升气流的强度和锋面结构各有差异，同时，由于季节和地面特征的不同，组成气旋的各个气团的属性也有所区别。因此锋面气旋的天气特征不仅是复杂的，而且随着发展阶段、季节和地区的不同而有差异。要给出锋面气旋在各种情况下的具体天气特征，确实有一定困难，同时也过于烦琐。但只要牢牢掌握住各种锋面、气团所具有的天气特征，各种天气现象（如云、雨和风等）的成因及气旋各部位流场的情况，那么由锋面气旋带来的各种天气现象就不难推断出来。

为了便于了解典型气旋的具体天气特征，现分阶段来讨论。

锋面气旋在波动阶段强度一般较弱，坏天气区域不广。暖锋前会形成雨层云，伴有连续性降水及较差的能见度，云层最厚的地方在气旋中心附近。当大气层结构不稳定时，如夏季，暖锋上也可出现雷阵雨天气。在冷锋后，大多数是第二型冷锋天气。在气旋的暖区，如果是热带海洋气团，水汽充沛，则易出现层云、层积云，有时可出现雾和毛毛雨等天气现象。如果是热带大陆气团，则由于空气干燥，无降水，最多只有一些薄的云层。

当锋面气旋处于发展阶段时，气旋区域内的风速普遍增大，气旋前部具有暖锋云系和其天气特征。云系向前伸展很远，尤其靠近气旋中心部分，云区最宽，离中心愈远，云区愈窄。气旋后部的云系和降水特征是属于第一型冷锋还是第二型冷锋，则要视高空槽与地面锋线的配置情况及锋后风速分布情况而定。若高空槽在地面锋线的后面，地面上垂直于锋的风速小，则属于第一型冷锋；若地面锋位于高空槽线附近或后部，则属于第二型冷锋。

当锋面气旋发展到锢囚阶段时，气旋区内地面风速较大，辐合上升气流加强，当条件充足时，云和降水天气加剧，云系比较对称地分布在锢囚锋的两侧。

当锋面气旋进入消亡阶段，云和降水也就开始减弱，云底抬高。以后，随着气旋消亡，云和降水区也就逐渐减弱消失了。

以上所讲都是假定气团为热力稳定时的情况，如气团处于热力不稳定时，则在气旋各个部位，都可能有对流性天气发生，特别在暖区，还可产生暴雨。

◎反气旋的天气特征

反气旋的天气由于所处的发展阶段、气团性质和所在地理环境的不同而具有不同的特点。同时，对某一个反气旋而言，随着反气旋结构变化、气团变性，天气情况也在变化。

反气旋的中、下层，因有显著的辐散下沉运动，尤其在反气旋中心的前方冷平流最强的区

你知道吗

强对流天气

强对流天气指的是发生突然、天气剧烈、破坏力极大，常伴有雷雨大风、冰雹、龙卷风、局部强降雨等强烈对流性灾害天气。它是具有重大杀伤性的灾害性天气之一。

域，下沉运动最强，所以天气情况比气旋中要好些，一般说来，常是晴朗天气。同时，反气旋是由单一气团组成，而且近地面层有明显的辐散，所以反气旋内天气分布比较均匀。由于在反气旋区域内，近地面没有锋存在，所以气团特性和反气旋天气具有紧密关系，但在其不同部位天气也有所不同。通常在反气旋的中心附近，下沉气流强，天气晴朗。有时在夜间或清晨还会出现辐射雾，日出后逐渐消散。如果有辐射逆温或上空有下沉逆温或两者同时存在时，逆温层下面聚集了水汽和其他杂质，低层能见度较差。当水汽较多时，在逆温层下往往出现层云、层积云，毛毛雨及雾等天气现象。在逆温层以上，能见度很好，碧空无云。反气旋的外围往往有锋面存在，边缘部分的上空有锋面逆温。反气旋的东部或东南部，因接近冷锋，常有较大的风力或较厚的云层，甚至有降水；西部和西南部，冷锋往往处在高空槽前，上空就有暖湿空气滑升，而有暖锋前天气。

规模较小的位于两个气旋之间的反气旋天气是：前部具有冷锋后部的天气特征，后部具有暖锋后部的天气特征。

规模特大而强的冷性反气旋（即所谓寒潮高压），从西伯利亚和蒙古侵入

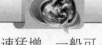

我国时，能携带大量的冷空气，使所经之地，气温骤降，风速猛增，一般可达 10～20 米/秒，有时甚至可达 25 米/秒以上。

◎ 气旋族

在温带地区，有时在一条锋上会出现一连串的气旋，沿锋线顺次移动，最先一个可能已经锢囚，其后跟着一个发展成熟的气旋，再后面跟一个初生气旋等。这种在同一条锋上出现的气旋序列，称为气旋族。

我国境内气旋族出现较少，单个气旋入海后在海上常有气旋族发展，欧洲单个气旋较少，而气旋族却常见。在中纬度的高空，像锁链一样的气旋一个挨着一个，首尾相接，一直延伸到高纬度地区，景色非常美丽壮观。

每一族的气旋个数不等，多达 5 个，少则 2 个。一般北半球常有 4 个气旋族同时存在。每一个气旋族都与一个高空大槽相对应，而气旋族中的每一个气旋都和大槽槽前的一个短波槽相对应。

我国东北低压、蒙古气旋、黄河气旋、江淮气旋和东海气旋等，都属于温带气旋。它们的活动对东北、华北地区和江淮流域的天气有很大的影响。

地球的血液——水

　　水是一切生命的起源。地球上的生命最初是在水中出现的。水是所有生物体重要的组成部分。地球上的水似乎取之不尽，但实际上，只有淡水才是主要的水资源。珍惜每一滴淡水也就变得越来越重要了。学习了本章之后，相信，你也会懂得地球血液的珍贵。

地球上水的分布

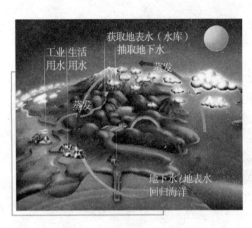

地球上的水资源

海洋面积占地球表面的71%，如果将海洋中所有的水均匀地铺盖在地球表面，地球表面就会形成一个厚度2700米的水圈。"水球"的名字名副其实。

水是宝贵的自然资源，也是自然生态环境中最积极、最活跃的因素。同时，水又是人类生存和社会经济活动的基本条件。

大家看看地球仪，便可发现地球上的海陆分布是有一定特征的。北极圈里是一个几乎被大陆包围着的海洋，叫做北冰洋；南极圈里却是一个被海洋包围着的陆地，叫做南极洲。此外，我们还看到陆地主要分布在北半球，越向南半球，陆地面积越来越小；海洋的面积越来越大。在不同纬度地带上的海陆分布的比例也各有不同。

地球上的海洋是互相联系着的一个整体。人们根据习惯把它分成太平洋、大西洋、印度洋、北冰洋四个大洋。其中最大的是太平洋。它位于亚洲、南美洲、北美洲、大洋洲和南极洲之间，面积约为1.7968万平方千米，约占海洋总面积的50%，它的水量几乎占地球表面总水量的一半。太平洋也是世界上最深的大洋，平均深度为4300米。最深处在太平洋西部的马里亚纳海沟，达11033米左右。人类至今还未达到过这么深的地方。1960年1月，有个叫皮卡尔的比利时人，曾乘坐专门制造的深海潜水器，在马里亚纳海沟下潜到约10919米的地方。这是目前人类探索洋底的最深纪录，但离最深的洋底还差114米呢。

大西洋位于欧洲、非洲、南美洲和北美洲之间，南临南极洲，北连北冰洋，面积约为9336万平方千米，差不多要比太平洋小一半，平均深度约为3926米，是世界第二大洋。

印度洋位于亚洲、非洲和大洋洲之间，南临南极洲，面积约为7491万平方千米，平均深度约为3897米，是世界第三大洋。

北冰洋位于欧亚大陆和北美洲之间，大致以北极为中心，绝大部分在北极圈内。它是世界大洋中最小的一个，面积约为1310万平方千米，仅占海洋总面积的4%，平均深度也只有1200多米。北冰洋是个寒冷的海洋。它的表层海水温度年平均为-1℃～-2℃，几乎是一个"千里冰封"的世界。

广角镜

北极圈

北极圈是指北寒带与北温带的界线，其纬度数值为北纬66度34分，与黄赤交角互余，其以内大部分是北冰洋。北极圈的范围包括了格陵兰岛、北欧和俄罗斯北部，以及加拿大北部。北极圈内岛屿很多，最大的是格陵兰岛。由于严寒，北冰洋区域内的生物种类相对较少。植物以地衣、苔藓为主，树木稀少，动物著名的有北极熊、海豹、鲸等。

地球上的水除海洋外，还有河流、湖泊，以及藏在土壤和岩层的孔隙和裂隙中的水。分布在陆地表面上的水叫"地表水"，藏在土壤和岩石中的水叫"地下水"。

陆地上的巨大水体是湖泊，各大陆上差不多都有一些大湖。欧亚大陆交界处的里海，面积有37.1万多平方千米，是世界上最大的湖。不过里海的水与海水一样是咸的，这种湖叫作"咸水湖"。欧亚大陆上中亚的咸海，面积6.6万多平方千米，也是一个咸水湖。亚洲的贝加尔湖，面积3.1万多平方千米，它的最大深度为1741米，是世界上最深的湖泊。

北美洲可以说是世界上大湖最多的地方，尤以位于加拿大和美国边界上的苏必利尔湖、休伦湖、密歇根湖、伊利湖和安大略湖为最著名，其中苏必利尔湖是世界上第二大湖。这些大湖之间由水道和瀑布互相连通，面积共为24.5万多平方千米，号称"五大湖"。此外，加拿大的大熊湖和大奴湖，面积各为 3.1 万平方千米和 3 万平方千米，也是北美洲的大湖。

知识小链接

地表水

地表水是指存在于地壳表面，暴露于大气的水，是河流、冰川、湖泊、沼泽四种水体的总称，亦称"陆地水"。它是人类生活用水的重要来源之一，也是各国水资源的主要组成部分。

非洲的大湖有维多利亚湖，面积约为 6.9 万平方千米，坦噶尼喀湖，面积约为 3.3 万平方千米，以及尼亚萨湖，面积约为 3 万平方千米。这些大湖集中分布在东非地区。其中维多利亚湖是世界第三大湖。所有这些大湖，除里海、咸海外，都是淡水湖。

陆地上除了湖泊外，还有为数众多的河流，它们把大量地表水汇集起来，不停地送入海洋。少数河流则流入大陆内部的沙漠或内陆湖泊。世界上的大河，如按它们的长度来说，最长的是非洲的尼罗河，全长约为 6650 千米；南美洲的亚马孙河，全长约为 6400 千米，居世界第二；北美洲的密西西比河，全长约为 6270 千米，居世界第四。在亚洲，我国的长江和黄河，分别长约为 6380 千米和 5464 千米，是世界第三和第五长河。此外，欧洲最长的河是伏尔加河，全长约为 3690 千米；大洋洲的大河是墨累河，长约为 2575 千米，但它们在世界大河中已不足称道了。

如果按河流每年入海的总水量来说，那些位于热带、亚热带降雨丰沛地区的大河便名列前茅了。其中，亚马孙河仍然遥遥领先，居世界第一位。它每年入海的总水量约为 3787 立方千米；非洲的第二长河刚果河，每年入海的总水量约为 1200 立方千米，居世界第二位；我国的长江居世界第三位，每年入海总水量约为 1000 立方千米；而黄河由于流经干旱、半干旱的北温带，流域面积比其他大河又小，所以它每年入海的总水量仅 51 立方千米，只是长江入海总水量的 $\frac{1}{20}$ 稍多些。

　　自然界的水通常是以液态、气态和固态三种形式出现的。海洋、湖泊及河流等水体主要是液态水，而气态水主要分布在大气中。一般来说，水汽主要分布在大气层的底层即对流层里。在大气层的顶部电离层里，水已分解成为氢和氧的离子状态了。

　　对流层里的水汽分布是很不均匀的。如海洋上空含的水汽多，大陆内部干旱的沙漠上空含的水汽少。平均起来，1立方米空气中水的含量为0.2～1克，在个别情况下，如在积雨云里，1立方米空气中可含4～5克，甚至更多。空气中水汽总量是很少的，但它却是地球上水的一个极重要的组成部分。

　　地球上的固态水——冰和雪，主要分布在气候寒冷的地方，如南、北极地区或海拔很高的山上。这些地方经常下雪，同时积雪也不易融化。因此大量的雪，年复一年地积聚起来，互相压实、冻结，形成了坚硬的冰层，覆盖着地面和山峰。在南极洲和北极地区的格陵兰岛，这种

你知道吗

帕米尔高原

　　帕米尔高原，中国古代称葱岭，是自汉武帝以来开辟的丝绸之路的必经之地。帕米尔高原位于中亚东南部、中国的西端，地跨塔吉克斯坦、中国和阿富汗。

面积广、厚度大的冰层被称为大陆冰川；覆盖在高山上的冰层叫做高山冰川。例如在我国的青藏高原和帕米尔高原的高山上，以及位于赤道地区的非洲乞力马扎罗山顶上都有这种高山冰川。

　　整个地球上，冰川的面积有1630万平方千米，约占陆地总面积的11%。其中，南极洲和格陵兰岛的大陆冰川便占了冰川总面积的99%，所以说南极洲和格陵兰岛是地球上最大的天然冰库。

▶ 地球的水量

　　既然水在地球上分布得如此广泛，从天空到地下都有，那么地球上到底

有多少水呢？要回答这个问题却很不容易。不少科学家曾搜集了许多资料，用不同的方法做出许多分析和计算，到目前为止仍不过是提出一些各不相同的概略数字而已。

根据大家所常引用的估算数字，地球上海洋水体的总量约为13.7亿立方千米，占地表总水量的97.6%。地球上的固态水，即分布在极地的大陆冰川和高山冰川，总共约有3000万立方千米。这些冰川如果完全融化成淡水的话，将会使世界海洋面上涨50多米，能把陆地上广大的平原变成水乡泽国。

拓展阅读

沼 泽

沼泽是指地表过湿或有薄层常年或季节性积水，土壤水分几达饱和，生长有喜湿性和喜水性沼生植物的地段。广义的沼泽泛指一切湿地；狭义的沼泽则强调泥炭的大量存在。中国的沼泽主要分布在东北三江平原和青藏高原等地，俄罗斯的西伯利亚地区有大面积的沼泽，欧洲和北美洲北部也有分布。地球上最大的泥炭沼泽区在西伯利亚西部低地，它南北宽800千米，东西长1800千米，这个沼泽区堆积了地球全部泥炭的40%。

陆地上的水，包括蓄在河流、湖泊、水库、沼泽及地表土壤层中的水，估计约有400万立方千米。而空气中的水只有1.2万立方千米。

由此看来，地球表面的总水量约为14亿多立方千米。其中除海水占绝大部分外，冰川占2.1%，陆地水占0.3%，大气中的水量最少，仅占全部水量的百万分之九。

除地表水外，岩层中和地球内部尚含有大量的水。它与人类的生产和生活密切相关。有人估算这部分地下水约有6000万～1亿立方千米，而其中与地表水能进行相互交换和沟通的地下水约有400万立方千米。在人类今后的生产和生活中，对这部分地下水的开发和利用将更加重视。

🔊 地球上水的循环

　　有句成语叫"川流不息"，说的是水的流动性。事实上的确如此，世界上绝大多数的河流都在日夜不停地流向海洋。据估算，全年入海的河水总量有37400立方千米左右。然而陆地上的全部河流在同一时间内却只能容纳1200立方千米的水。那么河流从哪里得到这么多水，源源不断地流入海洋？

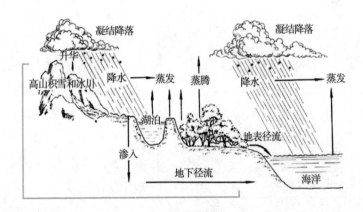

地球水循环图

　　水和自然界里的所有物质一样，在不停地运动着、变化着，从一种状态变为另一种状态。河水主要是由大气降水补给的，大气降水来源于大气中的水汽，水汽的大部分又是海水蒸发后被气流带到陆地上空的，而海洋上空被带走了的这部分水，最终又被流入海的河水不断地补充着，从而构成了地球上水的循环。水循环说起来简单，其实，水的循环过程是相当复杂的。

　　我们把世界大洋作为地球上水循环的起点。太阳照射着地球，每年要用 3×10^{23} 卡的热量（占地球接受太阳能的25%），将整个地球表面51.1万立方千米的水，蒸发为水汽。其中从大洋表面蒸发的水就有41.1万立方千米，

而它的 $\frac{2}{3}$ 又经大气降水重新落到海洋里，构成水的小循环。其余 $\frac{1}{3}$ 的水被气流带入大陆上空，和陆地上植物蒸腾的水汽以及从土壤、其他水体中蒸发的水汽合在一起，在陆地上空遇冷凝结，以雨或雪的形式落到地面。每年陆地上的降水量约达 10 万立方千米。其中一部分被地面植物截留或通过植物及地面重新蒸发到空中；一部分在地面低洼处汇成湖泊及河流，以河水形式重返海洋；另一部分则渗入地下，慢慢汇聚成地下水。地下水在土壤和岩石的孔隙中缓慢地流着，有的重新流到河床里变成河水，有的从地下慢慢流入海洋。此外，地球内部尚能分离出一部分水，通过火山喷发或温泉的形式上升到地面，这种水叫做"原生水"。每年由地球内部分离出的原生水相当有限。

趣味点击　火山

地壳之下 100～150 千米处，有一个"液态区"，区内存在着高温、高压下含气体挥发的熔融状硅酸盐物质，即岩浆。它一旦从地壳薄弱的地段冲出地表，就形成了火山。火山喷发能喷出多种物质。

落到地面的雪融化后，以地表水或地下水形式回到海洋。而落到极地或高山上的雪所形成的高山冰川和大陆冰川也在缓慢地运动着，有的直接融化补给河流，有的直接缓慢地"爬入"海洋。不过这部分水返回海洋的周期就相当漫长了。

总之，从海洋表面蒸发后，被气流带入陆地上空的那一部分水，最终又通过各种不同的途径重返海洋，水的这种循环叫做大循环。

由此看来，"川流不息"的河水永不会枯竭，因为它是地球上永恒不绝的水循环的一个中间环节。同时我们也注意到，在水循环过程中，运动着的大气是水的一个极为重要的"运输工具"。如果没有它不知疲倦地从海洋向陆地运输着水汽，那么陆地早已成为一片荒漠了。由于地球上永不停息地进行着大规模的水循环，才使地球上的水能够以各种方式重新分配着，并为一切生物提供了生存条件。

🔍 世界上最大的咸水湖

咸水湖，顾名思义，指的就是比一般湖水盐分高出很多的湖泊。通常，这些咸水湖都是通水不畅，或者是给水不足，可以说是先天不良、后天补充不好导致的结果，但也不是说这些咸水湖不好，一个事物存在，总有它的道理。

世界最大的咸水湖当里海莫属。里海位于欧亚大陆的腹地，东面隶属土库曼斯坦、北面隶属哈萨克斯坦、西面隶属俄罗斯和阿塞拜疆，南岸则在伊朗境内。

里海的南面和西南面分别偎依厄尔布尔士山脉和高加索山脉，其他几面则是低缓的平原和平整的低地。

里海南北比较狭长，长约 1200 千米，形状类似人体的"S"形，也是世界最长的海及唯一一个长度在千米以上的湖泊。东西平均宽度就比较小了，大概在 320 千米，里海的湖岸线长约 7000 千米，面积约 37.1 万平方千米。大小几乎与波罗的海不相伯仲，这么大的面积相当于 10 个亚速海，占全世界湖泊总面积的 14% 左右，比闻名遐迩的北美五大湖群还大出一半多。湖水总容积为 7.6 万立方千米，水量不可谓不丰。

里海是它在我国的称呼。它在欧洲其他国家的名字应为卡斯皮海，名字来自古代居住在高加索东部的一个部落——卡斯皮人。

知识小链接

死 海

死海是世界上最有趣的一个咸水湖，也可以说是咸水湖中的典型了。它的含盐量是世界上最高的。如果人掉进了死海，即使这个人不会游泳，都不会沉入海底。

死海是世界上最低的湖，湖面海拔 −418 米。它是一个内陆咸水湖，位于以色列和约旦之间的约旦谷地。死海夏季的蒸发量比较大，冬季有水注入，所以死海水位具有季节性变化的特点。

人们之所以称呼里海为"海"，并不仅仅是由于它具有一些海的特性，例如，水域面积大、水深、海面常常掀起狂风巨浪、水里的动植物与海洋动植物相近等，而且也因为它过去确实是海的一部分。大约在几百万年以前，里海与黑海、地中海相通，但是随着地壳的运动，海陆位置发生移动，里海就像是一个被遗弃的孩子一样，离开了母亲的怀抱。这个事件的发生距今约1.1万年，也就是说，里海成为内陆湖已经约1.1万年了。

在地理学上，人们给这一类湖泊起了一个很好听的名字——海迹湖。

里海由于成为内陆湖的时间比较久远，蒸发量比较大，慢慢地，海水盐分升高，就成为世界上最大的咸水湖了。

全球水资源现状

地球的储水量是很丰富的，共有14.5亿立方千米之多。但是其中海水却占了97.2%，陆地淡水仅占2.8%，而与人类生活最密切的江河、淡水湖和浅层地下水等淡水，又仅占淡水储量的0.34%。更令人担忧的是，这数量极有限的淡水，正越来越多地受到污染。据科学界估计，全世界有半数以上的国家和地区缺乏饮用水，特别是经济欠发达的第三世界国家，目前已有70%的人

你知道吗

氟

氟，气体元素，符号F，原子序数9。卤族元素之一，属周期系ⅦA族元素。淡黄色，有毒，腐蚀性很强，化学性质很活泼，可以和部分惰性气体在一定条件下发生反应。它是制造特种塑料、橡胶和冷冻机（氟氯烷）的原料。由其制得的氢氟酸（HF）是唯一一种能够与玻璃反应的无机酸。

喝不上清洁水，世界上已有将近80%的人口受到水荒的威胁。我国人均淡水为世界人均水平的四分之一，属于缺水国家。全国已有300多个城市缺水，已有29%的人正在饮用不干净的水，其中已有7000万人正在饮用高氟水。每

年因缺水而造成的经济损失达 100 多亿元，因水污染而造成的经济损失更达 400 多亿元。

20 世纪 90 年代以来，世界淡水资源日渐短缺，污染日益严重，水、旱灾害愈演愈烈，使地球生态系统的平衡和稳定遭到破坏，并直接威胁着人类的生存和发展。水资源短缺成了当今世界面临的重大课题。联合国的人类环境和世界水会议已发出警告：人类在石油危机之后，下一个危机就是水。因此，保护和更有效合理地利用水资源，是世界各国政府面临的一项紧迫任务。从环境角度来说，最完善的措施是拦水和调水。改变水资源的时空分布，充分利用水资源。同时，注重节约用水，提高水资源利用率：工业方面提倡节水产业、控制污染物的排放，加强废水处理；农业方面应采用先进的灌溉方式（喷灌、滴灌）等。水是生命的基础，它不仅关系到人类生活的质量，还影响到人类的生存能力。我们必须增强水的危机意识，珍惜水，节约水，保护水资源。

随着人口的增长和经济的发展，人类对水的需求增长越来越快，许多国家陷入缺水困境，经济发展也受到制约。然而，水资源开发的多部门性——各部门在水资源开发与管理方面政出多门，阻碍了水资源的综合利用，使水资源供需矛盾加剧。

在全世界范围内，每天有 6000 ～ 35000 名儿童因缺乏饮用水而死亡，其中非洲的形势最严重。

为了推动对水资源进行综合性统筹规划和管理，加强水资源的保护，解决日益严重的水问题，不仅要有技术上的措施，而且必须要注重社会宣传教育。除了在政策、法律、管理体制方面加强对水资源管理外，还要开展宣传教育以提高公众的节水意识。联合国第 47 届大会根据联合国环境与发展大会在《21 世纪议程》第十八章《保护淡水资源质量和供应：水资源开发、管理和利用采用综合性办法》中所提出的建议，确定了旨在使全世界都来关心并解决水资源问题的"世界水日"决议。人们必须清醒认识到，水危机很可能会比粮食危机或石油危机更早到来。

地球是太阳系中唯一有水的行星。正因为有大自然的这种得天独厚的恩赐，才孕育了地球上的一切生命，才有人类的诞生和繁衍。如果没有水，人类的生存发展是不可能的。尽管地球是一个"水球"，但可供人类利用的淡水资源却仅有约 20 亿立方米，不到全球总水量的 1%，又由于水在循环过程中，是借风作动力，造成时间和空间上的分布极不平衡，加上污染日益严重，实际上目前地球上已有 80 个国家和地区面临缺水之灾，其中有 28 个国家被列为严重缺水国，有 20 亿人口缺乏饮用水。在过去的 50 年中，全球淡水使用量增加了近 4 倍。据专家预测，全世界对水的需求量将每隔 21 年就要加一倍，到那时，全球缺水危机将更加严重，到 21 世纪末，地球上的淡水资源将被人类消耗殆尽。

我国的淡水资源更为短缺。只及世界的 $\frac{1}{4}$。目前我国已有 $\frac{1}{2}$ 的城市缺水，$\frac{1}{3}$ 的城市严重缺水，$\frac{1}{10}$ 的城市面临水危机，农村年缺水达 300 亿立方米。到 2020 年前后，我国将出现缺水高峰期，年缺水总量可能达到 500 多亿立方米，形势将更加严峻。

专家警告说，如果不迅速采取行动，在 30 年内，我国的干净饮用水就将枯竭。淡水是人类赖以生存的第二大基本物质，具有不可替代的特点。一种食物短缺，可用另一种食物替代；石油、煤炭枯竭人类也不会毁灭；但是缺了淡水，既不可用别的物质替代，又更难"人造"，这对人类持续生存发展威胁之大，就可想而知了，并可能由此而引发争夺水资源的冲突和战争。联合国已大声呼吁：人类要开展一场用水革命。

地球的居民——生物世界

生命是地球上独特的存在，也是人类着重研究的神秘现象之一，在所有笼罩生命现象的谜团中，生命的起源是人类最渴望得知的。随着地球的演变，各种植物、动物的新物种不断地涌现出来，但同时也会有许多物种淡出历史舞台。当人类的初民出现，世界旋即生机盎然。你是否有胆量随我们一起拨开时空的迷雾，探寻生命的起源？

地球上的植物

地球上除了极少数的小片岩石表面、沙漠和建筑物外，其他地区一般都有植物生长着。不管是在终年冰封严寒的极地，还是在深谷和高山上；不管是在海洋里，还是在江、河、湖、塘中，都繁殖着各种植物；甚至在空气中，也有植物的花粉、孢子在飞扬。越是自然条件好的地方，生长着的植物种类和数量也就越多。植物在地球上的作用是很大的，如在空气中大量的游离氧，都是绿色植物光合作用的结果；地球上的土壤和一些矿物的形成上，植物也起着重大作用的。因此，我们要认识地球，就必须对地球上分布的植物有所了解。当然，我们认识和了解它们，是为了更好地改造和利用它们。

知识小链接

游离氧

游离氧是处在游离状态下的氧，周围需有一个化学氛围，才能算是游离、单质情况的氧，比如在管中的游离氧如氧气、臭氧。游离氧有较强的氧化作用，可以有效杀死多数有害细菌。

地球上的植物，约有50多万种。它们并不是孤立地生长着，而常常是许多植物聚生在一起，我们把这种生长在一起的植物叫做植被，如森林植被、草原植被、荒漠植被等。由于植被和周围环境之间，存在着相互影响、相互制约的辩证统一的关系，因此在不同的环境里，植被的外貌、结构和植物的种类、成分也有着明显的差别。

植被，可以划分为地带性植被和非地带性植被两个大类群。

◎ 地带性植被

地带性植被就是按照气候带来划分的植被。可划分为热带植被、亚热带植被、温带植被及寒带植被 4 个主要类型。它们的分界线，基本上和地球上的气候带是一致的。

热带植物是分布在赤道南北纬 10 度以内的地带。在这一地带内，一般来说，终年高温多雨，生长着许多常绿高大、枝叶茂盛的乔木林，这种森林叫做热带雨林。如美洲的亚马孙河流域和非洲的扎伊尔河流域，都是世界有名的热带雨林区；亚洲的印度尼西亚群岛、马来半岛，我国的台湾、广东、广西及云南省的南部，也都是热带雨林区。在热带雨林里，植物的种类很多，其

广角镜

紫　檀

紫檀是世界上最名贵的木材之一，主要产于印度尼西亚群岛的热带地区，其次是中南半岛。我国广东、广西也产紫檀木，但数量不多。印度的小叶紫檀，又称鸡血紫檀，是目前所知最珍贵的木材，是紫檀木中最高级的。常言十檀九空，最大的紫檀木直径仅为二十厘米左右，其珍贵程度可想而知。

中经济植物就有橡胶、紫檀、木棉、棕榈、咖啡、可可、油椰子、香蕉、金鸡纳树等。可可树的种子含有 52% 的脂肪和 1.5% 的可可碱，富有营养并具有兴奋神经的作用。早在几百年前，生活在亚马孙河流域的印第安人，就把可可树的种子磨成粉，和玉米面掺和做成饮料，叫做巧克力。我们现在食品店里的巧克力糖，就是沿用了印第安人使用的名称。在热带雨林中，还攀缘着大量的藤蔓，这些藤蔓长达二三百米。此外，还有大量的附生植物，附生在别的树干和树枝上，构成了"空中花园"。

我国热带雨林区的植物资源也很丰富，已经栽培的有：橡胶、剑麻、海岛棉、椰子、甘蔗、香蕉、荔枝、龙眼、可可、槟榔、胡椒、八角茴香、咖啡、肉桂、芒果等，还有大量的特产药材。

在热带地区，各地也并不都是那么常年多雨，有些地方如非洲的索马里、埃塞俄比亚、苏丹，美洲的巴西、委内瑞拉、圭亚那及秘鲁的东部，亚洲的印度、缅甸、印度尼西亚的东部等地区，年雨量虽然有 1500 毫米之多，但是有明显的旱、雨季节之分，有的旱季长达 4～6 个月之久。在旱季里，树木落

热带植被

叶，草本植物干枯；而到了雨季，树木又迅速生长得枝叶茂盛，碧绿苍翠。在这些地区，随着雨量的多少和旱季的长短不同，又可分为季雨林、稀树林和热带草原等不同的植被。

在季雨林植被区，每年有四五个月的旱季。那里盛产黄檀、紫檀、柚木等闻名世界的珍贵用材。

在稀树林植被区，旱季的时间更长，那里生长的树木低矮多分枝，远远望去好似经过修剪的果园。在巴西的稀树林里，生长着大量的肉质多浆植物。纺锤树是稀树林中的一种特殊的植物，它是木棉科中的一种乔木，树干粗大，直径达好几米，上端和下端较小，整个树干像萝卜一样，树干中贮藏着大量的水分，用以抵抗干旱。

在热带草原植被区，天气更加干旱。非洲撒哈拉荒漠南边的热带草原上，代表性的树木有豆科的金合欢和木棉科的猴面包。猴面包长得特别高大，有的高达20余米，直径达9米左右，能活四五千年，是世界上出名的长寿植物。美洲的墨西哥、圭亚那、委内瑞拉及巴西中部的热带草原，都带有果园型的景色。

在这些有旱、雨季节之分的热带地区，大都已成了农垦区，种植了各种作物和热带经济植物。

亚热带植被分布在亚热带地区，由于气候条件不同，又分为湿润的亚热带、干燥的亚热带、荒漠等三个地区。在湿润的亚热带地区，冬季温暖，夏季多雨，生长着湿润亚热带森林，也叫作照叶林。树木的叶子是常绿而带有光泽的。世界上的湿润亚热带森林，以我国长江流域及台湾省的北部最为典型；此外，还有北美的东南部、非洲的东南部及大洋洲的新西兰等地。在干燥的亚热带地区，冬季多雨、夏季干旱炎热，生长着干燥的亚热带森林，以地中海沿岸最为典型。在那里，树木生长得低矮，叶子很坚硬，并且常带有茸毛。湿润和干燥的亚热带森林区，是世界上柑橘、柠檬、油桐、胡桃、无花果、竹、茶等大量经济植物的原产地；同时，这里也是历史悠久的农业区。正由于这样，所以保留的森林面积已经很小了。荒漠地区，是亚热带地区、部分温带地区中最干旱的地方。它的面积极其辽阔。在北半球，从非洲北部起向东延伸，经阿拉伯半岛、印度半岛、中亚、我国的西北部、蒙古，直到北美洲的西部；在南半球，则分布在澳大利亚的中部、南美洲的西岸以及南非西南部等地。由于荒漠地区的气候十分干旱，日照强烈，所以植被非常稀疏，植物的种类也很贫乏，并且都带有旱生的生态特征。如植株低矮，根系扩展，叶子厚而坚硬，其中，有些植物形成肉质多浆的茎、叶，用以贮藏水分。在荒漠地区的沿河两岸和泉水涌出的地方，出现绿洲；著名的枣椰就出产在这些地方。枣椰以伊拉克出产最多，约占全世界枣椰总产量的 $\frac{3}{4}$，所以我们也常叫它伊拉克枣。非洲北部的撒哈拉荒漠，是世界上最大的荒漠，面积约900万平万千米，最高温度在70℃以上。大片沙漠上几乎是没有植物，只在砾石荒漠上，可以见到

趣味点击　　枣椰

枣椰又名海枣。常绿乔木，浆果长椭圆形，形状像枣，产于亚洲西南部和非洲北部。果肉味甜，是当地人民的重要食品，可鲜食或作蜜饯。木材供建筑用，树干浸出的汁液可以制糖和酒。

一些带刺的小灌木和一种可供食用的茶渍藓。在非洲南部的荒漠上，具有代表性的植物是松叶菊和百岁兰。百岁兰，树干长约4米，但是大部分埋藏在地下，露出地面的部分只有二三十厘米。在北美的荒漠上主要生长着一些仙人掌及龙舌兰等肉质多浆植物。在亚洲和澳大利亚的荒漠上，生长着一些藜科植物；它们之间的差别是，亚洲的荒漠上散生着一些柽柳、沙拐枣，澳大利亚的荒漠上散生着一些木麻黄、桉树等。在我国的荒漠上，除了上述的一

些藜科植物、柽柳等外，还有一种叫做胡杨的乔木。胡杨高约10米，寿命可达一二百年，它不仅具有顽强的生命力，并且还有固沙防风的作用。

温带植被一般分布在温带地区，它可以划分为落叶阔叶林、针叶林和草原三个主要的类型。

落叶阔叶林主要分布在气候湿润的温带地区。如我国的华北地区就是很典型的落叶阔叶林区。落叶阔叶林的主要特征：树木是阔叶树种；它们为了适应寒冷和干旱气候，冬季落叶。构成落叶阔叶林的主要树种有山毛榉属、栎属、桦木属、槭属、杨属、柳属等。落叶阔叶林区现在已经看不到原始的景色了，仅在山地丘陵上有时还可见到小片的落叶阔叶树林。在落叶阔叶林区，有大量的温带果树如苹果、桃、梨、杏、李、柿、枣、胡桃、板栗等，另外还有一些用材树种和经济树种。

知识小链接

板 栗

栗是山毛榉科栗属中的乔木或灌木总称。它大约有7～9种，原生于北半球温带地区，大部分种类栗树都是20～40米高的落叶乔木，只有少数是灌木。板栗原产于中国，分布于越南、中国等国。它生长于海拔370～2800米的地区，多见于山地，已由人工广泛栽培。

针叶林是由针叶树种构成的，这些树种大都属于松柏类。在欧亚大陆上，针叶林分布在落叶阔叶林的北面和内地大陆性气候较强的地方，构成一条宽阔的带状；在北美，针叶林的面积也较大，还生长着不少的特有树种，如铁杉、黄杉等。我国的针叶林，分布在阿尔泰山的北端和大、小兴安岭山地，代表性的树种有红松、油松、冷杉、云杉、黄花松等。在我国小兴安岭、长白山一带的森林中，除了针叶林外，落叶阔叶林树种也由北向南逐渐地增加，从而构成了针阔混交林这样一个过渡类型。世界上的针叶林分布区，目前还保留着不少的原始森林，它为人们提供了大量的木材及各种工业原料。

草原主要分布在荒漠的外围。在欧亚大陆上，自黑海沿岸向东经过中亚

落叶阔叶林

细亚、蒙古国，直到我国的内蒙古自治区、黄河中游及东北的西部，形成了一条东西方向的分布带。此外，在北美洲中部、南美洲南部、非洲的南部，也有大面积的草原。从气候状况来说，草原地区属于半干燥的温带气候。草原植被主要由草本植物和一些小灌木构成，这些草本植物和小灌木为了适应干旱气候，在它们的茎叶上常常带有蜡质和茸毛。草原现已大部分被开垦为农田，在欧洲已无原始的草原，只有在亚洲、美洲尚有部分地区还保存着原始草原的景色。我国的草原是畜牧业生产的基地，在草原上除生长大量的牧草外，还生产大量的药草，如甘草、黄芩、防风、大黄等。

　　寒带植被又常被称为苔原或冻原，它主要分布在南、北两极的地区。在那里气候极为寒冷，一年之中都有霜冻，就是在最热的月份里，平均温度也在14℃以下，年降水量在200～300毫米。在北极附近，是半年为昼，半年为夜，在这样一个特殊的环境里，植物来不及完成生活周期，所以既没有乔木，也没有一年生的植物，只有一些小灌木紧紧地贴在地面上缓慢地生长着，如北极柳每年只能长高1～5毫米。那里的草本植物主要是莎草科、禾本科和十字

广角镜

苔原

　　苔原也叫冻原，是生长在寒冷的永久冻土上的生物群落，是一种极端环境下的生物群落。苔原多处于极圈内的极地东风带内，风速极大，且有明显的极昼和极夜现象。苔原生物对极地的恶劣环境有很强的适应能力。苔原植物多为多年生的常绿植物，可以充分利用短暂的营养期，而不必费时生长新叶和完成整个生命周期，但短暂的营养期使苔原植物生长非常缓慢。

花科等。在苔原的地面上，生长着大量的苔藓和地衣，是鹿的冬季饲料；因此，很久以来，苔原就成为驯鹿的活动场所。

◎ 非地带性植被

在地球上，气候条件不仅有水平方向的变化，而且也有垂直方向的变化。随气候垂直方向变化的植被，我们称它为山地植被。在非地带性植被中除山地植被外，还有草甸和沼泽等。

我们知道，在山地，温度是自下而上逐渐降低的，每向上升高100米，气温约下降0.6℃；同时，在一定范围内，海拔越高，降水量和相对湿度也越大。气候条件的变化，使山地植被也发生了相应的改变，这种改变，也正像在陆地上从赤道到两极所见到的情景相似，是呈带状分布的，我们叫它为山地植被垂直分布带。山地植被垂直分布和山地所在的纬度有关。在温带地区的山麓，常是由落叶阔叶林开始；而在热带、亚热带地区的山麓，则常是由常绿阔叶林开始；总之，各地带的自然条件都对山地植被的垂直分布有很大的影响。在世界上还不能找出一个山地植被垂直分布带的典型高山来，因此，我们要了解完整的山地植被的垂直分布，就只有到不同纬度的高山上去进行综合观察。

喜马拉雅山珠穆朗玛峰，位于北纬28度，海拔8844.43米，是世界第一高峰。在其南坡，从山脚到山顶，随着海拔高度的增加，可以明显地看到植被的垂直分布。在海拔1600～2500米，气候温暖潮湿，森林密茂，是亚热带常绿阔叶林，主要树木有樟、槭、木兰、竹子、无花果等；在海拔2500～3100米，出现了由铁杉和阔叶树组成的针阔混交林；在海拔3000～4000米，

拓展阅读

无花果

无花果是落叶灌木或乔木，高达12米，有乳汁。维吾尔语称无花果为"安居尔"，意为"树上结的糖包子"。无花果是一种稀有水果，国内江苏、四川等地有种植，但在新疆阿图什地区栽培品质最优。无花果是无公害绿色食品，被誉为"21世纪人类健康的守护神"。

下部是以冷杉为主的针叶林，上部是以桦木为主的疏林；在海拔 4000～4500 米为高山灌丛；在海拔 4500～5000 米为高山草甸；在海拔 5300～5600 米为高山冻原；到海拔 5600 米以上，平均温度终年在 0℃以下，为永久性积雪带。

位于我国中部的秦岭，西部海拔为 3767 米。它的北坡上植被垂直分布的状况：在海拔 600～1000 米，属于山麓地带，下部主要是农耕地，上部生长着一些温带落叶阔叶林，如侧柏林、栎林等；在海拔 1000～2600 米，是由华山松、栎树、桦木等组成的针阔混交林带；在海拔 2600～3500 米，进入了以冷杉、落叶松等为主的针叶林带；海拔 3500 米以上，再也见不到乔木的分布了，而只有匍匐性或矮型的高山灌木，如杜鹃、高山柳、高山绣线菊等。此外还有一些草本植物构成高山草甸。

以上两个山地植被垂直分布的情况，清楚地说明了它们虽然同属于非地带性植被，但是却和所在地区的地带性植被有着密切的关系。

➡️ 地球上的动物

动物界的历史，就是动物起源、分化和进化的漫长历程。它是一个从单细胞到多细胞，从无脊椎到有脊椎，从低等到高等，从简单到复杂的过程。

最原始的原生生物，可能是原始鞭毛虫。现存原生动物中的鞭毛纲动物可能是由这种原始鞭毛虫进化而来，并从它发生出现代原生动物门的其他各纲。多细胞动物起源于单细胞动物，但单细胞动物如何进化到多细胞动物尚未取得一致意见。有人认为多细胞动物来自原始的多核纤毛虫，当它们的细胞质进行分裂并包围每一个核时，便形成了具有纤毛的多细胞实生体；但大部分动物学家认为，多细胞动物是由群体鞭毛虫进化而成的。原始群体鞭毛虫虽仍属原生动物，但细胞间彼此已有了一定的联系，如现存的团藻，已有营养细胞和生殖细胞的分化。因此，像团藻那样的生物被看成是由单细胞动物进化到多细胞动物的过渡形态。

团 藻

团藻是介于动植物之间的生物，在动物界中属原生动物门，在植物界中属绿藻门团藻目团藻属。

生存在海洋中的微小中生动物，是最简单、实心的原始多细胞动物。由于它细胞核内的 DNA 含有 23% 的鸟嘌呤和胞嘧啶，近似于原生动物而低于扁形动物，因此，被认为是最原始的后生动物，是介于原生动物和后生动物之间的类型。

多孔动物门是很古老的类群。由于它具有领细胞，与原生动物门的领鞭毛虫极为近似。因此人们认为它由原始领鞭毛虫进化而来。不过它很早就从多细胞动物的主干上分出；又因它在胚胎发育中有翻转现象，所以多孔动物便成为动物进化中的一个特殊的盲支，称为侧生动物（或翻转动物），而其他所有的多细胞动物，统称为真多细胞动物或真后生动物。

真多细胞动物首先发展出辐射对称的腔肠动物门。它是典型具有消化腔的两胚层动物，可能来自与浮浪幼虫相似的祖先实球虫，由它发育成原始水母型，再发育成固着的水螅型和复杂的、自由游泳的水母型。而栉水母动物门是自由浮游的动物，与水母类有相似性，体型基本上仍属辐射对称，但两侧辐射对称已较明显。从结构上看，它有些特殊，如不具刺细胞，而具有中胚层原基等。

当动物过渡到爬行生活时，便引起头端的分化和两侧对称、中胚层的发展。从原始三胚层动物发展出来的进化分支中，原口动物和后口动物两支，在结构与功能上都显示出许多重要的进步特征。凡成体的口由原肠胚期的原口（胚孔）发育而来的动物，统称为原口动物。属于原口动物的除了扁形动物门、纽形动物门、颚口动物门、轮虫门、线虫门、线形虫门、软体动物门、环节动物门和节肢动物门等较大的门外，还有一些小的门。

原口动物中的最原始的一门，是无体腔的扁形动物门。数目很少的纽形动物门也属无体腔动物。它不仅具有肛门和发达的头神经节，而且还具有初级的闭管式循环系统等。此外，它还具有扁形动物门的一些特征，如具有纤毛上皮、原肾管等，可能是来自营自由生活的扁虫。1972 年建立的颚口动物门也是无体腔动物。口位于腹面，无肛门；虽然还没有体腔，但间质已很少，具有单层的纤毛上皮细胞。在进化上，它们与扁形动物和假体腔动物似乎都有亲缘关系。

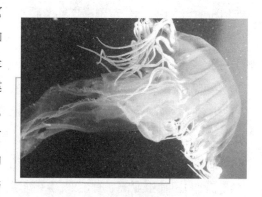

水母——低等的肠腔动物之一

　　假体腔是由胚胎期的囊胚腔持续到成虫时形成的，并非由中胚层形成，在体壁与消化管之间无体腔膜包围。假体腔动物中的 7 个门（轮虫门、腹毛动物门、线虫门、线形虫门、棘头动物门、动吻动物门和内肛动物门）不是一个自然类群，各门除都具有假体腔外，其他的差异较大。因此，它们的亲缘关系较难确定，仅轮虫门和腹毛动物门可能同扁形动物门有较密切的关系。假体腔动物在进化上虽比无体腔动物高级，但它们没有再进一步向前发展，也是进化中的一些盲支，是介于无体腔动物和真体腔动物之间的类群。

　　原口动物中的软体动物门开始出现真体腔，它的真体腔是以裂腔法形成的，但不发达，仅存在于围心腔、肾脏和生殖腺腔等处。由于软体动物为螺旋卵裂，并具有担轮幼虫，说明软体动物可能来自担轮幼虫的祖先。又因担轮幼虫在形态上与海产的扁形动物的牟勒氏幼虫相似，以及最原始的软体动物还保留有梯状神经，这都标志着它与扁形动物可能有亲缘关系。来源于原口动物原始类型最进化的分支，是身体分节的环节动物门以及由它发展出来的节肢动物门。低等环节动物也是螺旋卵裂，也具有担轮幼虫，这都与软体动物相似，说明它们具有共同的起源。但环节动物出现了分节现象和附肢，真体腔更为发达。此外，还出现了闭管式循环系统和链状神经，这些特征都比软体动物更为进步。环节动物与软体动物虽起源于共同的祖先，但它们向着不同的方向进化发展。由于附肢分节并进一步复杂化，动物体的结构水平提高很多，结果产生出种类最多和适应范围最广的节肢动物门。节肢动物门是原口动物进化发展的顶点，身体分节并具有外骨骼保护；分节的附肢、发达的肌肉和链状神经等，使得结构灵活有力。它们无疑是来自环节动物，但起源是单源还是多源，动物学家都还持有不同看法。有人认为，已灭绝的三叶虫最原始，由它分出一支进化到有螯亚门，一支进化到甲壳纲；另有一些相似于现生的原始节肢动物如栉蚕，由它们分出一支进化到多足纲，另一支进化到昆虫纲。但有人认为，环节动物门的不同类群是节肢动物的祖先，节肢动物门的不同类群是沿着3个主要方向即三叶虫亚门、有螯亚门（剑尾目和蛛形纲）和有颚亚门（甲壳纲、多足纲和昆虫纲）进化而来的。由此认为，节肢动物是多源起源的。3个分支的发展沿着同律分节变为异律分节的途径进行，不但形态上发生改变，而且有的生活方式也由水生过渡到陆生。昆虫纲无疑是节肢动物门的高级代表。

知识小链接

三叶虫

三叶虫是最有代表性的远古动物，距今5.6亿年前的寒武纪就已出现，5亿~4.3亿年前发展到高峰，至2.4亿年前的二叠纪完全灭绝，前后在地球上生存了3.2亿多年，可见这是一类生命力极强的生物。在漫长的时间长河中，它们演化出繁多的种类，有的长达70厘米，有的只有2毫米。其背壳纵分为三部分，因此名为三叶虫。

螠虫门与星虫门很相似，如螺旋卵裂、具有担轮幼虫、无体节、体腔不分隔、后肾管同时具有生殖管的作用等。不同的是，星虫的翻吻与螠虫的吻并非同源，星虫无肛毛和分节的痕迹。曳鳃动物门具有真体腔，幼虫期相似于成虫期。有关它的进化地位，尚有待进一步研究确定。附肢具有爪的有爪动物门，体型微小不超过1毫米的缓步动物门和营寄生生活的五口动物门，是由环节动物的祖先很早就分出的3枝，但在进化水平上都已超出了环节动物。它们都属于节肢动物的近亲。从原始三胚层动物还产生三个不同类型的小分支，它们从寒武纪就已出现，如肛门开口在触手冠之外的外肛动物门、腕足动物和帚虫门。3 个类群都营固着生活，具有真体腔、后肾和触手冠。但在进化上彼此间有无直接的亲缘关系，尚未能完全确定，仅一致承认它们是位于原口动物和后口动物之间的类型。过去曾把内肛动物门与外肛动物门合并为苔藓动物门，但前者为假体腔动物，后者为真体腔动物，现今多数动物学家都认为两者应独立成为两个门。

广角镜

胚 胎

胚胎是专对有性生殖而言，是指雄性生殖细胞和雌性生殖细胞结合成为合子之后，经过多次细胞分裂和细胞分化后形成的有发育成生物成体的能力的雏体。胚胎指的就是有性繁殖发展形成过程的最初阶段，从受精卵开始第一次分裂，到下一阶段发展开始前，是发育生物学最早的阶段。

在距今 1.4 亿多年前的晚侏罗纪，出现了最早的鸟类。鸟类起源于爬行类。到新生代第三纪，鸟类的种类显著增多。因其具有恒定体温，减少了对环境的依赖性，又由于适应飞翔的生活方式，在形态结构和生理功能上引起了变化，逐渐发展成现代的鸟类。到了 7000 万年前，即新生代的开始，哺乳类由于在长期历史的发展过程中，逐渐出现一系列进步性特征，因此，哺乳类便取代了爬行类而在动物界占了优势地位，所以常称新生代第三纪为"哺乳动物时代"。

陆地上的自然环境多姿多彩，为动物的进化开辟了新的适应方向，爬行动物在陆地出现以后，向各个方向辐射、分化，更高级的鸟类和哺乳类应运而生，当哺乳动物进一步往前发展时，人类终于脱颖而出。从爬行类以后出现的动物都属于恒温动物，具有恒定的体温，能适应各种各样复杂的环境。

总之，生物的进化历程可以概括为：由简单到复杂，由低等到高等，由水生到陆生。某些两栖类进化成原始的爬行类，某些爬行类又进化成为原始的鸟类和哺乳类。各类动物的结构逐渐变得复杂，生活环境逐渐由水中到陆地，最终完全适应了陆上生活。

地表风貌

地表风貌是自然地理环境的重要要素之一，对地理环境的其他要素及人类的生产和生活具有深刻的影响。地貌是不断发展变化的，地貌发展变化的物质过程包括内力过程和外力过程。内力和外力是塑造地貌的两种营力。地貌是内力过程与外力过程对立统一的产物，本章将为你介绍更详尽的地球风貌。

 地表风貌的概念及含义

地表风貌是在地球内外动力的综合作用下形成的具有不同层次或规模的地表形态的总称。由此可以得出以下几点认识：

地貌是地表起伏形态的总称。地球表面不是光滑的球面，有平原、高山、高原、峡谷等，这些地表形态的总称即为地貌。根据地表起伏状况，可将地貌分为：

正地貌——相对突起的地貌，如高山、丘陵等。

负地貌——相对凹陷的地貌，如河谷、盆地等。

地貌的形成动力是地球内外动力（地貌营力）。地球表面为什么不是光滑的平面，而呈现出形形色色的地表形态呢？主要是地貌营力造成的，根据地貌营力的能量最终来源，可将地貌营力分为地貌内营力和外营力两种。

地貌内营力 地球内部能量的积累与释放所产生的地貌作用力。构造运动、褶皱运动、岩浆运动、断裂运动、地震等都是地貌内营力。

拓展阅读

丘 陵

丘陵为世界五大陆地基本地形之一，是指地球表面形态起伏和缓，绝对高度在500米以内，相对高度不超过200米，由各种岩类组成的坡面组合体。坡度一般较缓，切割破碎，无一定方向。中国自北至南主要有辽西丘陵，淮阳丘陵和江南丘陵等。黄土高原上有黄土丘陵，长江中下游河段以南有江南丘陵，辽东、山东两半岛上的丘陵分布也很广。

这些地球内能的各种释放形式，都能使地表发生形态变化，假设地壳形成之初是光滑的，经过以上几种运动之后，即可形成高山、峡谷，使地表起伏不平。如褶皱成山成谷，断裂成谷，岩浆活动成火山堆等。其总的趋势使地表起伏不平。

地貌外营力　　地貌外营力是地球外部的太阳能输入地表所产生的地貌营力。流水作用、冰川作用、风沙作用、波浪作用等都是地貌外营力。

地貌内营力和外营力的能量来源不同，表现形式也不一样。内力作用使地表起伏不平，而外力作用对地表不断地进行侵蚀、剥蚀，并把破坏了的物质带到低洼处堆积起来，总的趋势是力求夷平高地，填平低地。所以地貌内外营力的作用方向是矛盾的、对立的。

然而它们又是统一的，因为它们互为条件。例如地球内能的积累与释放使地表起伏不平，为外力作用提供了条件，高地不断地被侵蚀和剥蚀，低地逐渐地被填平。当外力作用到一定的时候，原来的均衡状态被破坏，可以促使地壳运动的发生，重新导致地表形态的变化。另外，目前我们看到的各种地貌形态都是地貌内外营力综合作用的产物，只不过有时内营力占主导地位，有时外营力占主导地位而已。

由此可见，地貌内外营力之间遵循着对立统一规律，相互斗争而存在，相互矛盾而发展。

地貌具有不同的层次或规模，可分为大、中、小地貌不同层次或规模，如最高一级为大陆和海洋盆地；在大陆和海洋盆地一级中可以划分出次一级的地貌单位，如大陆可以划分为山地、高原、平原、盆地等；在山地、高原等不同地貌单位内部仍可划分为更次一级的地貌单位，如山地可划分为分水岭、河谷等。当然河谷还可以进一步划分出更低级的地貌单位。

根据地貌内外营力的表现形式可以划分为以下几种主要类型：

构造地貌——受地壳运动控制的地貌。

重力地貌——主要受重力作用所形成的地貌。

流水地貌——由于流水作用所形成的地貌。

岩溶地貌——在可溶性岩地区由于地表和地下水岩溶作用所形成的地貌。

冰川地貌——由于冰川作用所形成的地貌。

冻土地貌——由于冻土层中冻融作用所形成的地貌。

风沙地貌——由于风力作用所形成的地貌。

黄土地貌——由于黄土的堆积所形成的地貌。

海岸地貌——由于波浪作用所形成的地貌。

知识小链接

重　力

　　重力，是指由于地球的吸引而使物体受到的力。生活中常把物体所受重力的大小简称为物重。重力的单位是 N，但是表示符号为 G。公式为：$G = mg$。m 是物体的质量，g 一般取 9.8N/kg。在一般使用上，常把重力近似看作等于万有引力，但实际上重力是万有引力的一个分力。重力之所以是一个分力，是因为我们在地球上与地球一起运动，这个运动可以近似看成匀速圆周运动。我们作匀速圆周运动需要向心力。在地球上，这个向心力由万有引力的一个指向地轴的分力提供，而万有引力的另一个分力就是我们平时所说的重力了。

◆ 绵绵群山

◎ 喜马拉雅山脉

　　喜马拉雅山脉耸立在青藏高原南缘，是亚洲最雄伟的山脉，有110多座山峰高达或超过海拔7300米。其中之一是世界最高峰——珠穆朗玛峰。这些山的伟岸峰巅耸立在永久雪线之上。

　　该山脉形成南亚次大陆的北部边界及其与北部大陆之间几乎不可逾越的屏障，系从北非至东南亚太平洋海岸环绕半个世界的巨大山带的组成部分。

航拍喜马拉雅山脉

　　喜马拉雅山脉最典型的特征是其扶摇直上的高度，一侧陡峭参差不齐的山峰，令人惊叹不已的山谷和高山冰川，被侵蚀作用深深切割的地形，深不可测的河流峡谷，复杂的地质构造，表现出动植物和气候不同生态联系的系列海拔带（或区）。从南面看，喜马拉雅山脉就像是一弯硕大的新月，雪原、高山冰川和雪崩全都向低谷冰川供水，后者从而成为大多数喜马拉雅山脉河流的源头。不过，喜马拉雅山脉的大部分却在雪线之下。创造了这一山脉的造山作用至今依然活跃，并有水流侵蚀和大规模的山崩。

知识小链接

雪　崩

　　当山坡积雪内部的内聚力抗拒不了它所受到的重力拉引时，便向下滑动，引起大量雪体崩塌，人们把这种自然现象称作雪崩，也有的地方把它叫作"雪塌方""雪流沙"或"推山雪"。同时，它还能引起山体滑坡、山崩和泥石流等可怕的自然灾害。因此，雪崩被人们列为积雪山区的一种严重自然灾害。

　　喜马拉雅山脉在地势结构上并不对称，北坡平缓，南坡陡峻。在北坡山麓地带，是我国青藏高原湖盆带，湖滨牧草丰美，是良好的牧场。流向印度洋的大河，几乎都发源于北坡，切穿喜马拉雅山脉，形成3000～4000米深的大峡谷，河水奔流，势如飞瀑，蕴藏着巨大的水力资源。喜马拉雅山脉连绵成群的高峰挡住了从印度洋上吹来的湿润气流。因此，喜马拉雅山脉的南坡雨量充沛，植被茂盛，而北坡的雨量较少，植被稀疏，形成鲜明的对比。随着山地高度的增加，高山地区的自然景

喜马拉雅山脉冰雪覆盖的山峰

象也不断变化，形成明显的垂直自然带。

据地质考察证实，早在几十亿年前，现在的喜马拉雅山脉的广大地区是一片汪洋大海，称古地中海。它经历了整个漫长的地质时期，一直持续到距今3000万年前的新生代早第三纪末期，那时这个地区的地壳运动，总的趋势是连续下降，在下降过程中，海盆里堆积了厚达30000余米的沉积岩层。到早第三纪末期，地壳发生了一次强烈的造山运动，在地质上称为"喜马拉雅运动"，使这一地区逐渐隆起，形成了世界上最雄伟的山脉。经地质考察证明，"喜马拉雅运动"至今尚未结束，仅在第四纪冰期之后，它又在不断升高。

◎ 阿尔卑斯山脉

阿尔卑斯山脉是欧洲最高大的山脉。它位于欧洲南部，呈一弧形，东西延伸，长1200多千米，平均海拔3000米左右，最高峰勃朗峰海拔4810米。

冰雪覆盖下的阿尔卑斯山脉

山势雄伟，风景幽美，许多高峰终年积雪。晶莹的雪峰、浓密的树林和清澈的山间流水共同组成了阿尔卑斯山脉迷人的风光。欧洲许多大河都发源于此，水力资源丰富，为旅游、度假、疗养胜地。

阿尔卑斯山脉的气候成为中欧温带大陆性气候和南欧亚热带气候的分界线。山地气候冬暖夏凉。整个阿尔卑斯山脉湿度很大，年降水量一般为1200～2000毫米，海拔3000米左右为最大降水带。边缘地区年降水量和山脉内部年降水量差异很大，海拔3200米以上为终年积雪区。阿尔卑斯山脉是欧洲许多河流的发源地和分水岭，多瑙河、莱茵河、波河等都发源于此。山地河流上游，水流湍急，水力资源丰富，有利于发电。

山脉主干向西南方向延伸为比利牛斯山脉，向南延伸为亚平宁山脉，向东南方向延伸为迪纳拉山脉，向东延伸为喀尔巴阡山脉。阿尔卑斯山脉可分为三段。西段西阿尔卑斯山从地中海海岸，经法国东南部和意大利的西北部，到瑞士边境的大圣伯纳德山口附近，为山系最窄部分，也是高峰最集中的山段。在蓝天映衬下洁白如银的勃朗峰（4810 米）是整个山脉的最高点，位于法国和意大利边界。中段中阿尔卑斯山，介于大圣伯纳德山口和博登湖之间，宽度最大，有马特峰（4479 米）和蒙特罗莎峰（4634 米）。东段东阿尔卑斯山在博登湖以东，海拔低于西、中两段阿尔卑斯山。

趣味点击　湿　度

湿度，表示大气干燥程度的物理量。在一定的温度下在一定体积的空气里含有的水汽越少，则空气越干燥；水汽越多，则空气越潮湿。空气的干湿程度叫作"湿度"。

勃朗峰

阿尔卑斯山脉是古地中海的一部分。早在 1.8 亿年前，由于板块运动，北大西洋扩张，南面的非洲板块向北面推进，古地中海下面的岩层受到挤压弯曲，向上拱起，由此造成的非洲和欧洲间相对运动形成的阿尔卑斯山脉，其构造既年轻又复杂。"阿尔卑斯造山运动"时形成一种褶皱与断层相结合的大型构造推覆体，使一些巨大岩体被掀起移动数十千米，覆盖在其他岩体之上，形成了大型水平状的平卧褶皱。西阿尔卑斯山是这种推覆体构造的典型。

当今，阿尔卑斯山脉是欧洲最大的山地冰川中心。山区为厚达 1 千米的冰盖所覆，冰蚀地貌尤其典型，许多山峰岩石嶙峋，并有许多冰蚀崖、U 形谷、冰斗、悬谷、冰蚀湖等以及冰碛地貌广泛分布。现在还有 1200 多条现代冰川，其中以中阿尔卑斯山麓瑞士西南的阿莱奇冰川最大。

基本小知识

山　麓

　　山坡和周围平地相接的部分为山麓。这个地形转折带常常是一个过渡的地带，山麓常为厚层的松散沉积物所覆盖，被称为山麓带。

◎ 珠穆朗玛峰

　　珠穆朗玛峰，简称珠峰，又意译作圣母峰，尼泊尔称为萨加马塔峰，也叫"埃非勒士峰"，位于我国和尼泊尔交界的喜马拉雅山脉之上，终年积雪，是世界上第一高峰。珠穆朗玛峰较近的一次测量在 1999 年，是由美国国家地理学会使用全球卫星定位系统测定的，他们认为珠穆朗玛峰的海拔高度应该为 8850 米。而世界各国曾经公认的珠穆朗玛峰的海拔高度是由我国登山队于 1975 年测定的，是 8848.13 米。2005 年 5 月 22 日，我国重测珠穆朗玛峰高度，测量登山队成功登上珠穆朗玛峰峰顶，再次精确测量珠穆朗玛峰高度，珠穆朗玛峰新高度为 8844.43 米，同时停用

世界第一高峰——珠穆朗玛峰

1975 年 8848.13 米的数据。随着时间的推移，珠穆朗玛峰的高度还会因为地理板块的运动，而不断长高。

　　珠穆朗玛峰山体呈巨型金字塔状，威武雄壮，地形极端险峻，环境异常复杂。雪线高度：北坡为 5800～6200 米，南坡为 5500～6100 米。东北山脊、

东南山脊和西山山脊中间夹着三大陡壁（北壁、东壁和西南壁），在这些山脊和峭壁之间又分布着500多条大陆性冰川，总面积达1457.07平方千米，平均厚度达7260米。冰川的补给主要靠印度洋季风带两大降水带积雪变质形成。冰川上有千姿百态、瑰丽罕见的冰塔林，又有高达数十米的冰陡崖和步步陷阱的明暗冰裂隙，还有险象环生的冰崩雪崩区。

你知道吗

造山运动

造山运动是指地壳局部受力、岩石急剧变形而大规模隆起形成山脉的运动，仅影响地壳局部的狭长地带。目前所知的最后一次造山运动是燕山运动，其结束的时间是白垩纪末期，距今已有1亿年。

珠穆朗玛峰地理环境独特，峰顶的最低气温常年在零下三四十摄氏度。山上一些地方常年积雪不化，冰川、冰坡、冰塔林到处可见。峰顶空气稀薄，空气的含氧量只有东部平原地区的$\frac{1}{4}$，经常刮七八级大风，十几级大风也不少见。风吹积雪，四溅飞舞，弥漫天际。

珠穆朗玛峰所在的喜马拉雅山脉地区原是一片海洋，在漫长的地质年代，从陆地上冲刷来大量的碎石和泥沙，堆积在喜马拉雅山脉地区，形成了这里厚达3万米以上的沉积岩层。以后，由于强烈的造山运动，使喜马拉雅山脉地区受挤压而猛烈抬升，据测算，平均每一万年大约升高20～30米，直至如今，喜马拉雅山区仍处在不断上升之中。

◎ 安第斯山脉

安第斯山脉是世界上最长的山脉，几乎是喜马拉雅山脉三倍多，属美洲科迪勒拉山系，是科迪勒拉山系主干。纵贯南美大陆西部，大体上与太平洋岸平行，其北段支脉沿加勒比海岸伸入特立尼达岛，南段伸至火地岛。跨委内瑞拉、哥伦比亚、厄瓜多尔、秘鲁、玻利维亚、智利、阿根廷等国，全长约8900千米。整个山脉的平均海拔3660米，有许多高峰终年积雪，海拔超过6000米，由一系列平行山脉和横断山体组成，其间有高原和谷地。地质上属于年轻的褶皱山系，地形复杂。南段低狭单一，山体破碎，冰川发达，多冰川湖；中段高度最大，夹有宽广的山间高原和深谷，是印加文化的发祥地；北段山脉条状分支，多火山，地震频繁。安第斯山脉最高峰是位于阿根廷内的阿空加瓜山，海拔6962米，是世界上最高的火山，也是最高的死火山。气候和植被类型复杂多样，有丰富森林资源以及铜、锡、银、金、铂、锂、锌、铋、钒、钨、硝石等重要矿藏。

雄伟的安第斯山脉

知识小链接

硝 石

硝石又称焰硝、钾硝石等。无色、白色或灰色结晶状，有玻璃光泽。可用于配制孔雀绿釉，还可用作五彩、粉彩的颜料，也是制造火药的原料之一。

安第斯山脉从南美洲的南端到最北面的加勒比海岸绵亘约形成一道连续不断的屏障。安第斯山脉将狭窄的西海岸地区同大陆的其余部分分开，是地球重要的地形特征之一。它对山脉本身及其周围地区的生存条件产生深刻的影响。

安第斯山脉不是由众多高大的山峰沿一条单线组成，而是由许多连续不断的平行山脉和横断山脉组成的，其间有许多高原和洼地。分别称为东科迪勒拉和西科迪勒拉，东、西山脉界线分明，勾勒出了该山系的主体特征。东、西科迪勒拉总的方向是南北走向，但东科迪勒拉有几处向东凸出，形成形似半岛的孤立山脉，或像位于阿根廷、智利、玻利维亚和秘鲁毗连地区的阿尔蒂普拉诺那样的山间高原。

🔖 大地舞台——高原

◎ 青藏高原

青藏高原是我国最大的高原，在我国西南部，也是世界上最高的高原，有"世界屋脊"之称，包括西藏自治区和青海省的全部、四川省西部、新疆维吾尔自治区南部，以及甘肃、云南的一部分。面积 240 万平方千米，平均海拔 4000～5000 米。

高原周围大山环绕，南有喜

青藏高原一角

马拉雅山，北有昆仑山和祁连山，西为喀喇昆仑山，东为横断山脉。高原内还有唐古拉山、冈底斯山、念青唐古拉山等。这些山脉海拔大多超过 6000 米，还有不少山峰超过 8000 米。高原内部被山脉分隔成许多盆地、山谷。谷内湖泊众多，青海湖、纳木错等都是内陆咸水湖，盛产食盐、硼砂、芒硝等。这些湖泊主要靠周围高山冰雪融水补给，而且大部分都是自立门户，独成"一家"。青藏高原还是亚洲许多

广角镜

湄公河

湄公河干流全长 4880 千米，是亚洲最重要的跨国水系，世界第六大河流；主源为扎曲，发源于中国青海省玉树藏族自治州杂多县。流经中国、老挝、缅甸、泰国、柬埔寨和越南，于越南胡志明市流入南海。流域除中国和缅甸外，均为湄公河委员会成员国。湄公河上游在中国境内，称为澜沧江，下游在越南境内，越南称之为九龙江。

大河的发源地。长江、黄河、澜沧江（下游为湄公河）、怒江（下游称萨尔温江）、森格藏布河（印度河）、雅鲁藏布江（下游称布拉马普特拉河）以及塔里木河等都发源于此，水力资源丰富。

高原雪山云海

2.4 亿年前，由于板块运动，分离出来的印度板块以较快的速度向北移动、挤压，其北部发生了强烈的褶皱断裂和抬升，促使昆仑山和可可西里地区隆生为陆地。随着印度板块继续向北插入古洋壳下，并推动着洋壳不断发生断裂，约在 2.1 亿年前，特提斯海北部再次进入构造活跃期。北羌塘地区、喀喇昆仑山、唐古拉山、横断山脉脱离了海浸；到了距今 8000 万年前，印度板块继续向北漂移，又一次引起了强烈的构造运动。冈底斯山、念青唐古拉山地区急剧上升，藏北地区和部分藏南地区也脱离海洋成为陆地。整个地势宽展舒缓，河流纵横，湖泊密布，其间有广阔的平原，气候湿润，丛林茂盛。高原的地貌格局基本形成。地质学上把这段高原崛起的构造运动称为"喜马拉雅运动"。青藏高原的抬升过程不是匀速的运动，不是一次性的猛增，而是经历了几个不同的上升阶段。每次抬升都使高原地貌得以演进。

距今 1 万年前，高原抬升速度更快，以平均每年 7 厘米速度上升，使之成为当今地球上的"世界屋脊"。

◎ 巴西高原

巴西高原是世界面积最大的高原，位于巴西东南部。大部分在米纳斯吉拉斯州和圣保罗州境内，面积有 500 多万平方千米。巴西高原地面起伏平缓，向西、北倾斜。花岗岩、片麻岩、千枚岩、石英岩等古老基底岩露出地表。高原边缘部分普遍形成缓急不等的崖坡，河流多陡落成为瀑布或急流，切成峡谷。巴西高原由于近期上升的结果，其边缘普遍形成缓急不等的崖坡。河流流经其间多陡落成为瀑布或急流，并切割成峡谷。高原多森林、草原，矿产及水力资源非常丰富。

巴西高原

巴西高原东部有高高的脊状山岭，在里约热内卢到圣多斯一带，形成了大西洋沿岸大峭壁。大峭壁背负高原，面对大洋，从大西洋中远远望去，就像一座铜墙铁壁屹立在大洋彼岸。

与高原、山脉形成强烈对比的是盆地和洼地。世界上最低的盆地是我国新疆的吐鲁番盆地，它的最低点为海拔 – 154 米。

◎ 蒙古高原

蒙古高原是东亚内陆高原。东界大兴安岭，西界阿尔泰山脉，北界萨彦岭、肯特山、雅布洛诺夫山脉，南界阴山山脉，包括蒙古全部、俄罗斯南部和中国北部部分地区。面积约 260 万平方千米，大部分为古老台地，仅西北部多山地，东南部为广阔的戈壁，中部和东部为大片丘陵。高原平均海拔 1580 米，地势自西向东逐渐降低。较大河流有色楞格河、克鲁伦河、海拉尔河、额尔古纳河、黑龙江等。气候为温带大陆性气候，冬季严寒漫长，夏季炎热短暂，降水稀少，以牧业为主，种植业和林业占少量比重。工业极不发达，仅有零星的畜产品加工业。

内蒙古高原是蒙古高原的一部分，位于阴山山脉之北，大兴安岭以西，北至蒙古国界，西至东经 106 度附近。面积约 34 万平方千米。行政区划包括呼伦贝尔盟西部，锡林郭勒盟大部，乌兰察布盟和巴彦淖尔盟的北部。广义的内蒙古高原还包括阴山以南的鄂尔多斯高原和贺兰山以西的阿拉善高原。

内蒙古高原一般海拔 1000～1200 米，南高北低，北部形成东西向低地，最低海拔降至 600 米左右，在中蒙边境一带是断续相连的干燥剥蚀残丘，相对高度约百米。高原地面坦荡完整，起伏和缓，古剥蚀夷平面显著，风沙广布，古有"瀚海"之称。

内蒙古高原戈壁、沙漠、沙地依次从西北向东南略呈弧形分布：高原西北部边缘为砾质戈壁，往东南为砂质戈壁，高原中部和东南部为伏沙和明沙。伏沙带分布于阴山北麓和大兴安岭西麓，呈弧形断续相连；明沙主要有巴音戈壁沙漠、海里斯沙漠、白音察干沙漠等。

知识小链接

燕 山

燕山，位于中国华北平原北侧。由潮白河谷到山海关，大致呈东西向，长 300 多千米，属褶皱断块山，海拔在 400～1000 米。北侧接七老图山、努鲁儿虎山，南侧为华北平原，高差大。滦河切断此山，形成峡口——喜峰口，潮白河切割形成古北口等，自古为南北交通孔道。在军事中也很有地位，古代与近代战争中，常常是兵家必争之地。山区有密云、潘家口等水库。主峰雾灵山，海拔 2116 米；八仙桌子，海拔 1052 米；都山，海拔 1846 米；大青山，海拔 1224 米。

世界上著名的高原还有：印度半岛的德干高原，面积约 200 万平方千米；亚洲西部的伊朗高原，面积约为 250 万平方千米，高度多在 1000～2000 米；阿拉伯高原，面积约 350 万平方千米，高度由东部的 200 米一直向西上升到 1000 米以上。整个非洲是一个高原型大陆，位于东北部的埃塞俄比亚高原，高约 2000 米，其他大部分地区的高度在 1000～1500 米。在东非高原上，湖泊众多，既大又深。如坦噶尼喀湖，面积达 3 万平方千米，深达 1470 米，是仅次于贝加尔湖的世界第二深水湖。

▶ 辽阔平原

平原是海拔较低的平坦的广大地区，海拔多在 0～500 米，一般都在沿海地区。海拔 0～200 米的叫低平原，200～500 米的叫高平原。按成因分类，平原可分为冲积平原、海蚀平原、冰碛平原、冰蚀平原等。

◎ 美索不达米亚平原

美索不达米亚平原大部分在伊拉克境内和叙利亚东北部。东起伊朗高原西缘，南抵波斯湾，西达叙利亚沙漠，北至亚美尼亚山区。地势低平，平均海拔 200 米以下，从北向南倾斜，巴格达以北为上美索不达米亚也叫亚述，地势略高，丘陵起伏。以南称下美索不达米亚也叫巴比伦尼亚，地低多湖沼。底格里斯河和幼发拉底河在南部汇合成为阿拉伯河，形成三角洲。两河流域的平原从西北伸向东南，形似新月，有"肥沃新月"之称。古时候，这一地区农业发达，依灌溉之便利，河渠纵横，土地肥沃。该区东北部山区属地中海气候，其余属亚热带干旱、半干旱气候。年降水量从北部的 500 毫米，到南部降为不足 100 毫米。地处地中海与波斯湾之间，又是小亚细亚、伊朗高原和阿拉伯半岛的中心地区，是西亚交通要地和各民族交汇的地区。美索不达米亚平原是波斯湾一部分，由底格里斯河和幼发拉底河冲积而成。地势北高南低。北部地势起伏，南部多沼泽。海拔多在 200 米以下，气候干燥，产椰枣、大麦、玉米等。

◎ 亚马孙平原

亚马孙平原是世界最大的冲积平原，位于南美洲北部亚马孙河中下游。介于巴西高原和圭亚那高原之间，西抵安第斯山麓，东滨大西洋，跨居巴西、秘鲁、哥伦比亚和玻利维亚 4 国领土，面积达 560 万平方千米（其中巴西境内 220 多万平方千米，约占该国领土 $\frac{1}{3}$）。平原西宽东窄，地势低平坦荡。最

亚马孙平原

宽处 1280 千米，大部分在海拔 150 米以下，平原中部马瑙斯附近只有海拔 44 米，东部更低，逐渐接近海平面。平原降水多，原因是受东北信风和东南信风影响。

亚马孙平原是世界上最大的热带雨林区，蕴藏着世界 $\frac{1}{5}$ 的森林资源。植物茂盛，种类繁多。乔木以桃金娘科、芸香科、楝科、樟科、棕榈科、夹竹桃科等树种占优势。盛产红木、乌木、绿木、巴西果、三叶胶、乳木、象牙椰子等多种经济林木，富藏石油、锡等矿产资源。平原人烟稀少，交通不便，大部分地区尚未得到充分开发。

知识小链接

乌 木

乌木兼备木的古雅和石的神韵，有"东方神木"和"植物木乃伊"之称。由地震、洪水、泥石流将地上植物生物等全部埋入古河床等低洼处。埋入淤泥中的部分树木，在缺氧、高压状态下，细菌等微生物的作用下，经长达成千上万年炭化过程形成乌木，故又称"炭化木"。历代都把乌木用作辟邪之物，制作出工艺品、佛像、护身符挂件。古人云："家有乌木半方，胜过财宝一箱。"

◎ 西西伯利亚平原

西西伯利亚平原是世界最大的平原之一。位于俄罗斯境内，西起乌拉尔山麓，东至叶尼塞河谷，北临喀拉海，南抵图尔盖高原、哈萨克褶皱地区和阿尔泰山地，面积 300 万平方千米。

西西伯利亚平原地势开阔平坦，南部海拔 220～300 米，中、北部海拔

50～150米。地势低平，沼泽广布。属亚寒带、寒带大陆性气候。自北而南，苔原、森林、森林草原、草原景观平行分布，具有典型的纬度地带性分布规律。大部分地区为亚寒带针叶林所覆盖。石油、天然气资源丰富，有著名的秋明油田区。中部和北部人口密度较低，南部随着对燃料、金属资源的开发而不断发展，形成了以秋明油田、库兹巴斯煤田，托木斯克铁矿为中心的工矿业基地。南部的巴拉宾、伊希姆和库隆达草原大部已开垦。为全俄重要的乳用畜牧业和谷物产区之一。

　　这个地区只有个别地方有一些低矮的小丘和山，其他广大地区都极为平坦。人们称西西伯利亚平原为世界最平坦的平原，因为在它的南北方向上，3000千米之间的地形高度差竟不超过百米。平原上主要的河流有鄂毕河、叶尼塞河和额尔齐斯河。其中额尔齐斯河发源于我国新疆，它是我国唯

西西伯利亚平原

一一条流入北冰洋的外流河。由于西西伯利亚平原的地形非常平坦，这里的河流流速也就非常的缓慢。每年春季，由南向北流的鄂毕河总是上游先解冻，鄂毕河水系纵贯全境，河网密布，湖泊众多，沼泽连片。而北方的下游此时还是冰封状态，结果是上游来水无法顺利通过，造成冰水泛滥。年复一年的这种情况，使这里形成了大片的沼泽和湿地。西西伯利亚平原之所以这样平坦，是因为它的地下是一片坚硬而古老的地壳。我们知道，越是年轻的地壳越是不稳定。除此之外，寒冷的气候使风化作用降低，古老的地壳便较容易地保留下来了。

🔵 蓝色世界——海洋

海洋占地球表面的 71%，总面积约 3.6 亿平方千米。海和洋不同，洋的面积大，彼此相连，占海洋总面积的 89%，水深一般在 3000 米以上，水的温度和盐度不受大陆影响，水体呈蓝色，透明度大。世界上有四大洋：太平洋、大西洋、印度洋、

> **趣味点击** **盐度**
>
> 绝对盐度是指海水中溶解物质质量与海水质量的比值。因绝对盐度不能直接测量，所以，随着盐度的测定方法的变化和改进，在实际应用中引入了相应的盐度定义。

北冰洋。海的面积只占海洋总面积的 11%，水深一般都不到 3000 米，水温受大陆水温和大陆季节性变化的影响，水体多呈黄、绿色，透明度小。海可分为陆间海、内陆海和边缘海三种类型。如地中海、红海为陆间海，我国的渤海为内陆海，东海、南海为边缘海。

◎ 太平洋

太平洋是世界第一大洋，位于亚洲、大洋洲、南极洲、拉丁美洲和北美洲大陆之间，南北长约 1.59 万千米，东西最宽处约 1.99 万千米。西南以塔斯马尼亚岛东南角至南极大陆的经线（东经 146 度 51 分）与印度洋分界；东南以通过拉丁美洲南端合恩角的经线与大西洋分界；北部经狭窄的白令海峡与北冰洋相接；东经巴拿马运河和麦哲伦海峡与大西洋沟通；西经马六甲海

浩瀚太平洋

峡、巽他海峡通往印度洋。太平洋的面积约 1.8 亿平方千米，占地球表面积的 35.2%，比陆地总面积还大，占世界海洋总面积的一半，水体体积为 7.2 亿立方千米，平均深度超过 4000 米，最深的马里亚纳海沟深达 11034 米。太平洋是世界上岛屿最多的大洋，海岛面积有 440 多万平方千米，约占世界岛屿总面积的 45%。横亘在太平洋和印度洋之间的马来群岛，东西延展约 4500 千米；纵列于亚洲大陆东部边缘海与太平洋之间的阿留申群岛、千岛群岛、日本群岛、琉球群岛、台湾岛和菲律宾群岛，南北伸展约 9500 千米，把太平洋西部的浅水区分割成数十个边缘海。太平洋海域的活火山多达 360 多座，占世界活火山总数的 85%；地震次数占全球地震总数的 80%。太平洋是世界上珊瑚礁最多、分布最广的海洋，在北纬 30 度到南回归线之间的浅海海域随处可见。

广角镜

回归线

　　回归线指的是地球上南、北纬 23 度 26 分的两条纬线圈。北纬 23 度 26 分称为北回归线，是阳光在地球上直射的最北界线。南纬 23 度 26 分称为南回归线，是阳光在地球上直射的最南界线。回归线，是太阳每年在地球上直射来回移动的边界线。

　　太平洋的气温随纬度增高而递减，南、北太平洋最冷月的气温，从回归线到极地为 20℃~16℃，中太平洋常年保持在 25℃左右。西太平洋多台风，以发源于菲律宾以东、加罗林群岛附近洋面上的最为剧烈。每年台风发生次数为 23~37 次。最小半径 80 千米，最大风力超过 12 级。太平洋的年平均降水量一般为 1000~2000 毫米；降水最大的海域是在哥伦比亚、智利的南部和阿拉斯加沿海以及加罗林群岛的东南部、马绍尔群岛南部、美拉尼西亚北部诸岛，可达 3000~5000 毫米；秘鲁南部和智利北部沿海、加拉帕戈斯群岛附近则不足 100 毫米，是太平洋降水最少的海域。太平洋的雨季，赤道以北为 7~10 月。北、南纬 40 度以北、以南海域常有海雾，尤以日本海、鄂霍次克海和白令海为最甚，每年的雾日约有 70 个。太平洋也是地球上水温最高的大洋，年平均洋面水温

夏威夷——太平洋中部的一组火山岛

为19℃；平均水温高于20℃的海域占50%以上，有$\frac{1}{4}$海域温度超过25℃。由于水温、风带和地球自转的影响，太平洋内部有自己的洋流系统，这些"大洋中的河流"沿着一定的方向缓缓流动，对其流经地区的气候和生物具有明显的影响。太平洋中最著名的洋流有千岛寒流、加利福尼亚寒流、秘鲁寒流等。太平洋以南、北回归线为界，分称为南、中、北太平洋（也有以东经160度为界，分为东、西太平洋；或以赤道为界，分为南、北太平洋）。南太平洋的平均盐度为34.9‰，中太平洋为35.1‰，北太平洋为33.9‰。

太平洋从20世纪起成为世界渔业的中心，其浅海渔场面积约占各大洋浅海渔场总面积的$\frac{1}{2}$。太平洋的捕鱼量亦占全世界捕鱼总量的一半，其中以秘鲁、日本和我国的产量为最大，以捕捞鲑、鲱、鳟、鲣、鲭、鳕、沙丁鱼、金枪鱼、鳀、比目鱼、大黄鱼、小黄鱼、带鱼等为主；捕蟹业在太平洋渔业中也占重要地位。太平洋洋底矿产资源非常丰富。在亚洲、拉丁美洲南部的沿海地区，目前发现的石油、天然气和煤等也很丰富。太平洋底部有海底电缆近3万千米。太平洋的海运业十分发达，货运量仅次于大西洋。亚洲太平洋沿岸的主要海港：上海、大连、广州、秦皇岛、青岛、湛江、基隆、高雄、香港、仁川、釜山、海防、西贡、西哈努克城、曼谷、新加坡、雅加达、苏腊巴亚、巨港、三宝垄、米里、马尼拉、东京、川崎、横滨、大阪、神户、名古屋、北九州、千叶、鹿儿岛、符拉迪沃斯托克（海参崴）；在大洋洲的主要港口：悉尼、奥克兰、惠灵顿、努美阿、苏瓦、帕皮提、火奴鲁鲁（檀香山）；在拉丁美洲太平洋沿岸的主要海港：瓦尔帕来索、塔尔卡瓦诺、阿里卡、卡亚俄、瓜亚基尔、布韦那文图拉、巴拿马城、巴尔博亚、曼萨尼略、马萨特兰；在北美洲太平洋沿岸的主要海港：洛杉矶、长滩、圣弗朗西斯科(旧金山)、波特兰、西雅图、温哥华。

◎ 大西洋

大西洋是世界第二大洋，是被拉丁美洲、北美洲、欧洲、非洲和南极洲包围的大洋。大西洋总面积约为9337万平方千米，约为太平洋面积的一半，占海洋总面积的 $\frac{1}{4}$，平均水深为3627米，波多黎各海沟最深为8742米。由于大西洋底的海岭都被淹没在水面以下3000多米，所以突出洋面形成

大西洋

岛屿的山脊不多，大多数岛屿集中分布在东部加勒比海西北部海域。

大西洋的气温全年变化不大，赤道地区气温年较差不到1℃，亚热带地区约为5℃，在北纬和南纬60度地区为10℃，只在其西北部和北极南部才超过25℃。大西洋的北部刮东北信风，南部刮东南信风。温带纬度地区地处寒暖流交接的过渡地带和西风带，风力最大，在北纬40度～60度冬季多暴风，南半球的这一纬度地区则全年都有暴风活动。半球的热带纬度地区，5～10月经常出现飓风，由热带海洋中部吹向西印度群岛风力达到最大，然后吹往纽芬兰岛风力逐渐减小。大西洋的降水量，高纬度地区为500～1000毫米，中纬度地区大部分为1000～1500毫米，亚热带和热带纬区从东向西为100～1000毫米以上，赤道地区超过2000毫米。夏季在纽芬兰岛沿海，拉普拉塔河口附近、南纬40度～49度海域常有海雾；冬季在欧洲大西洋沿岸，特别是在泰晤

士河口多海雾；非洲西南岸全年都有海雾。大西洋表面水温为16.9℃，比太平洋和印度洋都低，但其赤道处海域的水温仍高达25℃～27℃。夏季南、北大西洋的浮冰可抵达南、北纬40度左右。大西洋的平均盐度为35.4‰，亚热带地区最高，达37.3‰。大西洋洋流南北各成一个环流，北部环流由赤道暖流、墨西哥湾暖流和加那利寒流组成。其中墨西哥湾暖流是北大西洋西部最强盛的暖流，由佛罗里达暖流和安的列斯暖流汇合而成，沿北美洲东海岸自西南向东北流动，在佛罗里达海峡中，其宽度达60～80千米，深达700

你知道吗

海岭

海岭又称海脊，有时也称"海底山脉"。狭长延绵的大洋底部高地，一般在海面以下，高出两侧海底可达3～4千米。位于大洋中央部分的海岭，称中央海岭，或称大洋中脊。在四大洋中有彼此连通蜿蜒曲折庞大的海底山脊系统，全长达80000多千米，像一条巨龙伏卧在海底，注视着波涛滚滚的洋面。大洋中脊出露海面的部分形成岛屿，夏威夷群岛中的一些岛屿就是太平洋中脊出露部分。在大洋中脊的顶部有一条巨大的开裂，岩浆从这里涌出并冷凝成新的岩石，构成新的洋壳。所以人们把这里称为新大洋地壳的诞生处。

米，每昼夜流速达150千米，水温24℃，其延续为北大西洋暖流。南部环流由南赤道暖流、巴西暖流、西风漂流、本格拉寒流组成。在南北两大环流之间为赤道逆流，流向自西而东，流至几内亚湾为几内亚暖流。

大西洋的自然资源丰富，鱼类以鲱、鳕、黑线鳕、沙丁鱼、鲭最多，北海和纽芬兰岛沿海地区是大西洋的主要渔场，以产鳕和鲱著称。其他还有牡蛎、贻贝、螯虾、蟹类和各种藻类等。北海海底蕴藏有丰富的石油和天然气。

大西洋航运发达，主要有欧

趣味点击　牡蛎

牡蛎，属牡蛎科或燕蛤科，双壳类软体动物，分布于温带和热带各大洋沿岸水域。

大西洋港口圣彼得堡

洲和北美各国之间的北大西洋航线；欧、亚、大洋洲之间的远东航线；欧洲与墨西哥湾和加勒比海各国间的中大西洋航线；欧洲与南美洲大西洋沿岸各国间的南大西洋航线；由西欧沿非洲大西洋沿岸到南非开普敦的航线。大西洋沿岸主要港口有圣彼得堡、不来梅、哥本哈根、汉堡、威廉港、阿姆斯特丹、鹿特丹、安特卫普、伦敦、利物浦、马赛、热那亚、贝鲁特、塞得港、开普敦、布宜诺斯艾利斯、里约热内卢、休斯敦、新奥尔良、波士顿、纽约等。

◎印度洋

印度洋为世界第三大洋，它位于亚洲、非洲、大洋洲和南极洲之间。印度洋北临亚洲，东濒大洋洲，西南以通过南非厄加勒斯角的经线与大西洋分界，东南以通过塔斯马尼亚岛至南极大陆的经线与太平洋相邻，面积为 7491 万平方千米，平均水深 3897 米。

印度洋的水域大部分位于热带地区，赤道和南回归线穿过其北部和中部洋区。夏季气温普遍较高，冬季只在南纬 50 度以南气温才降至零下，

印度洋

水面温度平均在 20℃～26℃。在印度洋热带的沿海地区，多珊瑚礁和珊瑚岛。印度洋的海水盐度为世界最高，其中红海含盐量达到 41‰左右，苏伊士湾甚至高达 43‰；阿拉伯海的盐度也达 36‰；孟加拉湾的盐度低些，为 30‰～34‰。印度洋北部是全球季风最强烈的地区之一，在南半球西风带中的南纬 40 度～60 度和阿拉伯海的西部常有暴风，在热带纬度地区有飓风。印度洋降

水最丰富的地带是赤道纬区、阿拉伯海与孟加拉湾的东部沿海地区，年平均降水量在2000～3000毫米以上；阿拉伯海西岸地区降水最少，仅有100毫米左右；南部的大部分地区，年平均降水量在1000毫米左右。印度洋因受亚洲南部季风的影响，其赤道以北洋流的流向，随着季风方向的改变而改变，称为"季风洋流"。在冬季刮东北风时，洋流呈逆时针方向往西流动；在夏季刮西南风时，洋流呈顺时针方向往东流动。地处南半球的印度洋，其洋流状况大致与太平洋和大西洋相同，由南赤道暖流、马达加斯加暖流、西风漂流和西澳大利亚寒流等组成一个独立的逆时针环流系统。印度洋的海上浮冰界限，8～9月到达最北界，在南纬55度左右；2～3月退回到南纬65度～68度的最南线。

印度洋的动物和植物资源与太平洋西部相似。海水的上层浮游生物特别丰富，盛产飞鱼、金鲭、金枪鱼、马鲛鱼、鲨鱼、鲸、海豹、企鹅等。棘皮动物有海参、海百合等。海生哺乳动物儒艮是印度洋的特产。植物多藻类，东部海岸至印度河口和西部的非洲沿海有多种类的红树林。

知识小链接

鲨鱼

鲨鱼早在恐龙出现前三亿年前就已经存在于地球上，至今已超过四亿年。它们在近一亿年来几乎没有改变。鲨鱼，在古代叫做鲛、鲛鲨，是海洋中的庞然大物，所以号称"海中狼"。

印度洋北部的非洲、亚洲沿岸，海岸线曲折漫长，多海湾和内海。由西往东较大的有红海、波斯湾、阿拉伯海、孟加拉湾、安达曼海、帝汶海等。另外，印度洋的北部还有许多大陆岛、火山岛和珊瑚岛。印度洋是沟通亚洲、非洲、欧洲和大洋洲的重要航运交通要道。向东穿越马六甲海峡，可进入太平洋；向西绕过非洲最南端的好望角，能通达大西洋；往西北经红海和苏伊士运河，可进入地中海并通往欧洲。印度洋北部的许多国家盛产石油，因此它又是石油运输的重要通道。印度洋沿岸港口终年不冻，四季通航。主要海港有仰光、孟买、加尔各答、马德拉斯、卡拉奇、吉大港、科伦坡、亚丁、巴士拉、科威特、苏伊士、蒙巴萨、塔马塔夫等。

◎ 北冰洋

北冰洋是世界上最小的大洋，位于北极圈内，被亚洲、欧洲、北美洲所环抱，面积只有1310万平方千米，平均水深1200米。在亚洲和北美洲之间有白令海峡通往太平洋，在欧洲与北美洲之间以冰岛－法罗海槛和威维亚·汤姆逊海岭（冰岛与英国之间）与大西洋分界，有丹麦海峡及北美洲东北部的史密斯海峡与大西洋沟通。

北冰洋周围的国家和地区有俄罗斯、挪威、冰岛、格陵兰（丹）、加拿大和美国。北冰洋

拓展阅读

昼 夜

白天和黑夜，亦可代指事物两个相反的方向。昼夜由地球自转产生，谓之"太阳日"，但昼夜的长度并非等于自转周期，因为地球自转的同时进行了公转，公转使地球对于太阳的相对角度发生变化，而昼夜是以太阳照在地球上的范围来看的，所以一昼夜比自转周期多3分56秒。当地球自转时，面向太阳之面为"昼"，背向太阳之面则为"夜"。

的寒季由11月至次年的4月，长达6个月，最冷月（1月）的平均气温为 −40℃ ～ −20℃。七、八两月是暖季，平均气温也多在8℃以下。北冰洋的年平均降水量仅75～200毫米，格陵兰海可达500毫米左右。暖季北冰洋的北欧海区多海雾，有些地区每天都有雾，有时持续数昼夜。寒季格陵兰、亚洲北部

北冰洋冰山

冰雪覆盖下的格陵兰岛

和北美地区上空经常出现高气压，使北冰洋海域常有猛烈的暴风。北冰洋的洋流系统是由北大西洋暖流的分支挪威暖流、斯匹次卑尔根暖流和北角暖流、东格陵兰寒流等组成。北冰洋水文的最大特点是有常年不化的冰盖。北冰洋也就成为世界上最寒冷的海洋，差不多有 $\frac{2}{3}$ 的海域，常年被 2～4 米的厚冰覆盖着，其中北极点附近冰层厚达 30 多米。海水温度大部分时间在 0℃以下，只在夏季靠近大陆的水域，温度才能升至 0℃以上，并在沿岸形成不宽的融水带。但是在大西洋暖流的影响下，北冰洋内还是有几个全年不冻的内海和港口，如巴伦支海南岸的摩尔曼斯克。北冰洋中的岛屿很多，数量仅次于太平洋，总面积有 400 多万平方千米，主要有格陵兰岛、斯匹次卑尔根群岛、维多利亚岛等。北极地区由于严寒，居民很少，主要生活着因纽特人。他们以狩猎和捕鱼为生。在北极点附近每年都有半年左右（10 月至次年 3 月）的无昼黑夜，此间北极上空有光彩夺目的极光出现，一般呈带状、弧状、幕状或放射状。

北极地区矿产资源丰富，有煤、石油、磷酸盐、有色金属等。该地区产北极熊、海象、海豹、鲸、鲱、鳕等，巴伦支海和挪威海是世界上最大的渔场之一。北冰洋海域由于冰的阻隔，

趣味点击　海豹

海豹体粗圆呈纺锤形，体重 20～30 千克。全身披短毛，背部蓝灰色，腹部乳黄色，带有蓝黑色斑点。头近圆形，眼大而圆，无外耳廓，吻短而宽，上唇触须长而粗硬，呈念珠状。四肢均具 5 趾，趾间有蹼，形成鳍状肢，有利爪。后鳍肢大，向后延伸，尾短小而扁平。毛色随年龄变化：幼兽色深，成兽色浅。

航运不发达，但也有长达 9500 千米的从摩尔曼斯克到符拉迪沃斯托克（海参崴）的北冰洋航线和由摩尔曼斯克直达雷克雅未克、伦敦和斯匹次卑尔根群岛的海运航线。重要海港有阿尔汉格尔斯克和摩尔曼斯克。

◎ 地中海

地中海被北面的欧洲大陆、南面的非洲大陆和东面的亚洲大陆包围着。东西共长约 4000 千米，南北最宽处约为 1800 千米，面积约为 251.2 万平方千米，是世界最大的陆间海。以亚平宁半岛、西西里岛和突尼斯之间突尼斯海峡为界，分东、西两部分。平均深度约 1450 米，最深处约 5121 米。盐度较高，最高达 39.5‰。地中海有记录的最深点是希腊南面的爱奥尼亚海盆，为海平面下 5121 米。地中海是世界上最古老的海，历史比大西洋还要古老。

地中海西部通过直布罗陀海峡与大西洋相接，东部通过土耳其海峡（达达尼尔海峡、博斯普鲁斯海峡和马尔马拉海）和黑海相连。东南部经 19 世纪时开通的苏伊士运河与红海沟通。地中海处在欧亚板块和非洲板块交界处，是世界上强地震带之一。地中海地区有维苏威火山、埃特纳火山。

地中海

地中海的沿岸夏季炎热干燥，冬季温暖湿润，被称作地中海气候。植被叶质坚硬，叶面有蜡质，根系深，有适应夏季干热气候的耐旱特征，属亚热带常绿硬叶林。这里光热充足，是欧洲主要的亚热带水果产区，盛产柑橘、无花果和葡萄等，还有木本油料作物油橄榄。

地中海曾被认为是以前环绕东半球的特提斯海的残留部分。其大陆架相对较浅，最宽处位于突尼斯东海岸加贝斯湾，长约 275 千米。亚得里亚海海床的大部分亦为大陆架。地中海海底是石灰、泥和沙构成的沉积物，以下为蓝泥。海岸一般陡峭多岩，成很深的锯齿状。隆河、波河和尼罗河构成了地中海的 3 个大三角洲。大西洋表层水的不断注入是地中海海水的主要补充来源。其海水循环的最稳定组成部分为沿北非海岸经直布罗陀海峡注入的海流。整个地中海海盆构造活跃，常有地震发生。它是世界上强地震带之一。这里水下地壳破碎，地震、火山频繁，世界著名的维苏威火山、埃特纳火山就分布在本区。

基本小知识

地　震

地震又称地动、地振动，是地壳快速释放能量过程中造成的振动。地震期间会产生地震波。

地中海海底起伏不平，海岭和海盆交错分布，以亚平宁半岛、西西里岛到非洲突尼斯一线为界，把地中海分为东、西两部分。东地中海要比西地中海大得多，海底地形崎岖不平，深浅悬殊，最浅处只有几十米（如亚得里亚海北部），最深处可达 4000 米以上（如爱奥尼亚海）。西地中海中有 3 个由海岭隔开的主要海盆。由西向东分别为：阿尔沃兰海盆、阿尔及利亚海盆和第勒尼安海盆。地中海东部为爱奥尼亚海盆（其西北为亚得里亚海）和勒旺海盆（其西北为爱琴海）。地中海中的大岛屿有马略卡岛、科西嘉岛、萨丁尼亚岛、西西里岛、克里特岛、塞浦路斯岛和罗得岛。海域中的南欧三大半岛及西西里岛、撒丁岛、科西嘉岛等岛屿，将地中海分成若干个小海区：利古利亚海、第勒尼安海、亚得里亚海、伊奥尼亚海、爱琴海等。

尽管有诸多的河流注入地中海，如尼罗河、罗纳河、埃布罗河等，但由于它处在副热带，蒸发量太大，远远超过了河水和雨水的补给，使地中海的水收入不如支出多，由于海水温差的作用和与大西洋海水所含盐度的不同，使地中海和大西洋的海水可发生有规律的交换。含盐分较低的大西洋海水，从直布罗陀海峡表层流入地中海，增补被蒸发去的水源，含盐分高的地中海海水下沉，从直布罗陀海峡下层流入大西洋，形成了海水的环流，每秒钟多达 7000 立方米。要是没有大西洋源源不断地供水，大约在 300 年后，地中海就会干枯，变成一个巨大的咸凹坑。

地中海作为陆间海，比较平静，加之沿岸海岸线曲折、岛屿众多，拥有许多天然良好的港口，成为沟通三个大陆的交通要道，这样的条件，使地中海从古代开始海上贸易就很繁盛，还曾对古埃及文明、古巴比伦文明、古希腊文明的兴起与更替起过重要作用，成为古埃及文明、古希腊文明、罗马帝国等的摇篮。现在也是世界海上交通的重要地点之一。

◎红 海

红海是非洲东北部和阿拉伯半岛之间的狭长海域。面积约 45 万平方千米。红海由埃及苏伊士向东南延伸到曼德海峡，长约 2100 千米。曼德海峡连接亚丁湾，然后通往阿拉伯海。红海最宽处约为 306 千米。西岸的埃及、苏丹和东岸的沙特阿拉伯、也门隔海相对。在北端，红海分成两部分：西北部为水浅的苏伊士湾，东北部为亚喀巴湾，水深达 1676 米左右。

苏伊士运河连接苏伊士湾和北面的地中海，使红海成为欧洲、亚洲间的交通航道。红海中央部分的海底地形十分崎岖，

美丽的红海

这里的主要海槽复杂多变，海岸线参差不一，整个红海平均深度 558 米，最大深度 2514 米。红海受东西两侧热带沙漠夹峙，常年空气闷热，尘埃弥漫，明朗的天气较少。降水量少，蒸发量却很高，盐度为 4.1% ，夏季表层水温超过 30℃ ，是世界上水温和含盐量最高的海域。海水多呈蓝绿色，局部地区因红色海藻生长茂盛而呈红棕色，红海一称即源于此。年蒸发

量为2000毫米，远远超过降水量，两岸无常年河流注入。海底为含有铁、锌、铜、铅、银、金的软泥。自古为交通要道，但因沿岸多岩岛与珊瑚礁，曼德海峡狭窄且多风暴，故航行不便。重要港口有苏伊士、亚喀巴、苏丹港、吉达、马萨瓦等。

红海两岸陡峭壁立，岸滨多珊瑚礁，天然良港较少。北纬16度以南，因珊瑚礁海岸的大面积增长，使可以通航的航道十分狭窄，某些港口设施受到阻碍。在曼德海峡，要靠爆破和挖泥两种方式来打开航道。红海地区发现有5种主要类型的矿藏资源：石油沉积、蒸发沉积物（由于升华沉淀作用而形成的沉积物，如岩盐、钾盐、石膏、白云岩）、硫黄、磷酸盐及重金属沉积物，均在主要深海槽底部的淤泥中。

知识小链接

石 膏

石膏是单斜晶系矿物，主要化学成分是硫酸钙。石膏是一种用途广泛的工业材料和建筑材料，可用于水泥缓凝剂、石膏建筑制品、模型制作、医用食品添加剂、硫酸生产、纸张填料、油漆填料等。

红海是印度洋的陆间海，实际是东非大裂谷的北部延伸。按海底扩张和板块构造理论，认为红海和亚丁湾是海洋的雏形。据研究，红海底部确属海洋性的硅镁层岩石，在海底轴部也有如大洋中脊的长裂缝，并被破裂带连接起来。非洲大陆与阿拉伯半岛开始分离在2000万年前的中新世，目前还在以每年1厘米的速度继续扩张。

科学家们进一步研究认为，在距今约4000万年前，地球上根本没有红海，后来在今天非洲和阿拉伯两个大陆隆起部分轴部的岩石基底，发生了地壳张裂。当时有一部分海水乘机进入，使裂缝处成为一个封闭的浅海。在大陆裂谷形成的同时，海底发生扩张，熔岩上涌到地表，不断产生新的海洋地壳，古老的大陆岩石基底则被逐渐推向两侧。后来，由于强烈的蒸发作用，使得这里的海水又慢慢地干涸了，巨厚的蒸发岩被沉积下来，形成了现在红海的主海槽。

到了距今约 300 万年时，红海的沉积环境突然发生改变，海水再次进入红海。红海海底沿主海槽轴部裂开，形成轴海槽，并沿着轴海槽发生缓慢的海底扩张。根据红海底最年轻的海洋地壳带推算，这一时期红海海底的平均扩张速度为每年 1 厘米左右。由于红海不断扩张，它东西两侧的非洲和阿拉伯大陆也在缓慢分离。

拓展阅读

熔 岩

熔岩，已经熔化的岩石，以高温液体呈现，常见于火山出口或地壳裂缝。一般温度介于 700℃ 至 1200℃。虽然熔岩的黏度是水的十万倍，但也能流到数里以外后才冷却成为火成岩。

◎ 波罗的海

波罗的海

波罗的海是世界上含盐量最低、海水最淡的海，它位于欧洲大陆与斯堪的那维亚半岛之间，由北纬 54 度向东一直延伸到北极圈以内，长约 1600 千米，平均宽度约 190 千米，面积约 42 万平方千米，平均水深约 86 米。波罗的海海水含盐量只有 7‰～8‰，各海湾的含盐量更低，仅 2‰左右，完全不经处理就能直接饮用。波罗的海含盐量如此之低的原因，首先因其年龄小，形成时间不长，水质本来就好，含盐量不高；二是它位于高纬地区，气温低蒸发弱，海水浓缩较慢；三是海域受西风带的影响，天然降水较多，可以补充淡化海水；四是其四周有为数众多的河流流入，大量淡水源源不断地补充；五是其与大西洋的通道又窄又浅，不利于海和洋间的水分交换，较咸的大西洋水很少进入。波罗的海的海水既浅又淡，在寒冷的冬季极易结冰，特别是东部和北部海域，每年都有较长时间的冰封期，不利航运。

◎ 马尾藻海

马尾藻海是世界上唯一没有边缘和海岸的海。马尾藻海既不是大洋的边缘部分，也不与大陆毗连，完全是一个没有明确边界的"洋中之海"，周围都是广阔的洋面。马尾藻海位于大西洋的中部海域，大致位于北纬20度~35度和西经30度~75度，面积很大，有数百万平方千米，是由墨西哥暖流、北赤道暖流和加那利寒流围绕而成。其之所以称之为马尾藻海，是因为它的海面上遍布一种无根的水草——马尾藻，身临其境放眼远望似一片无边无际的大草原。在海风和洋流的带动下，漂浮的密集马尾藻又像一幅向远处伸展的巨大橄榄绿地毯。此外，马尾藻海海域是一块终年无风区，在过去靠风力航行的年代，船舶一旦误入，很多被围困而亡，因而一向被视为恐怖的"魔海"。由于马尾藻海远离江河入海口，完全不受大陆

马尾藻海

的影响，因此浮游生物极少，海水碧青湛蓝，透明度高达66.5米，个别海域甚至可到72米，也是世界上透明度最大的海。

◎ 黑 海

黑海位于欧洲东南部和亚洲小亚细亚半岛之间的内海。因水色深暗、多风暴而得名。黑海向西通过博斯普鲁斯海峡、马尔马拉海、达达尼尔海峡与地中海相通，向北经刻赤海峡与亚速海相连。

黑海是古地中海的一个残留海盆，在小亚细亚半岛发生构造隆起时黑海

与地中海开始分开，并逐渐与外海隔离形成内海。随着地壳运动和历次冰期变化，黑海与地中海间经历了多次隔绝和连接的过程，与地中海的相连状态是在 6000～8000 年前的末次冰期结束后，冰川融化而形成的。海底地形从四周向中部倾斜。中部是深海盘，水深 2000 米以上，约占总面积的 $\frac{1}{3}$。

黑海冬季盛行偏北风，凛冽的极地冷空气不断袭来，在黑海，尤其西北部海区掀起巨浪，景象十分壮观，成为黑海的一大特景。

广角镜

极　地

极地在地球的南北两端（即南极和北极），纬度 66.5 度以上，为长年白雪覆盖的地方。终年白雪覆盖大地，气温非常低，以致几乎没有植物生长。

黑海地区年降水量 600～800 毫米，同时汇集了欧洲一些较大河流的径流量，年平均入海水量达 355 立方千米（其中多瑙河占 60%），这些淡水量总和远多于海面蒸发量，淡化了表层海水的含盐量，使平均盐度只有 12‰～22‰。表层盐度较小，在上下水层间形成密度飞跃层，严重阻碍了上下水层的交换，使深层海水严重缺氧。在缺氧和有机质存在的情况下，经过特种细菌的作用，海水中的硫酸盐产生分解而形成硫化氢等，而硫化氢对鱼类有毒害，因而黑海除边缘浅海区和海水上层有一些海生动植物外，深海区和海底几乎是一个死寂的世界。同时，硫化氢呈黑色，致使深层海水呈现黑色。黑海淡水的收入量大于海水的蒸发量，使黑海海面高于地中海海面。盐度较小的黑海海水便从海峡表层流向地中海，地中海中盐度较大海水从海峡下层流入黑海，由于海峡较浅，阻碍了流入黑海的水量，使流入黑海的水量小于从黑海流出的水量，维持着黑海水量的动态平衡。

➡️◎南　海

南海是我国大陆濒临的最大外海，面积约为 350 万平方千米，差不多是东海、黄海、渤海三海面积总和的 3 倍。南海几乎被大陆、半岛和岛屿所包围，其南部是加里曼丹岛和苏门答腊岛，西为中南半岛，东部是菲律宾群岛。东北部经台湾海峡和东海与太平洋相通，东部通过巴士海峡与苏禄海相连，南部经马六甲海峡与爪哇海、安达曼海和印度洋相通。南海岛屿众多，但除海南岛、黄岩岛和西沙群岛中的石岛外，多为珊瑚岛和珊瑚礁。南

南　海

海由于地处热带和大部分地区较少受大陆影响，海水清澈湛蓝，透明度较大，分布有很多珊瑚岛和珊瑚礁，总称为南海诸岛。南海诸岛分为东沙群岛、西沙群岛、中沙群岛、南沙群岛和黄岩岛等。东沙群岛水产资源丰富；西沙群岛是海鸟的世界，鸟粪资源丰富，是优质肥料；中沙群岛是大量未露出水面的珊瑚礁；南沙群岛的面积最大，岛屿数量最多，其最南端的曾母暗沙是我国领土最南端。流入南海的主要河流：我国的珠江，中南半岛的红河、湄公河、湄南河等。南海盛行季风漂流，夏季西南季风期为东北向漂流，冬季东北季风期为西南向漂流。南海的水温终年都很高，夏季北部海域为28℃，南部海域可达30℃；冬季除粤东海域较低为15℃外，其他大部分海域仍达24℃～26.5℃。南海的含盐量平均为34‰，近岸区因受大陆的影响含盐量较低，并且变化较大；外海区含盐量全年都较

珊瑚礁

珊瑚礁是石珊瑚目的动物形成的一种结构。这种结构可以大到影响其周围环境的物理和生态条件。在深海和浅海中均有珊瑚礁存在。它们是成千上万的由碳酸钙组成的珊瑚虫的骨骼在数百年至数千年的生长过程中形成的。珊瑚礁为许多动植物提供了生活环境，其中包括蠕虫、软体动物、海绵、棘皮动物和甲壳动物。

高，变化也小。南海主要经济鱼类有蛇鲻、鲱鲤、红笛鲷和中国鱿鱼，深海区有旗鱼、鲔鱼和鲸鱼，西沙和南沙群岛盛产海参和海龟等。南海北部的北部湾、莺歌海、珠江口等盆地，蕴藏着丰富的石油和天然气资源，远景甚好，正在勘探中。

知识小链接

鲸　鱼

鲸的拉丁学名是由希腊语中的"海怪"一词衍生的，由此可见古人对这类栖息在海洋中的庞然大物所具有的敬畏之情。其实，鲸的体形差异很大，小型的体长有 6 米左右，最大的则可达 30 米以上，最重的可达 170 吨以上，最轻的也有 2 吨。

◎东　海

东海又称东中国海，是我国大陆濒临的第二大海，它西接中国大陆，北连黄海，东北以韩国济州岛经日本五岛列岛至长崎半岛南端的连线为界，穿过朝鲜海峡与日本海相通，东面由九州岛、琉球群岛和台湾岛把其与太平洋隔开，南经台湾海峡的南界与南海相通。东海海域面积约为 77 万平方千米，平均水深约为 370 米，冲绳海槽最深约为 2719 米。我国流入东海的河流有长江、钱塘江、闽江、瓯江和浊水溪等，其中长江的入海径流量最大，是东海西部沿岸低盐水存在的主要原因。东海海域岛屿众多，主要有台湾岛、澎湖列岛、钓鱼岛等，其中的钓鱼岛自古以来就是中国的领土。

东海大桥

东海由于有大量的大陆河水进入，近岸水体为含盐量低的低盐水，外海的水体则是由黑潮及其分支构成的高盐水。东海由于受黑潮和台湾暖流的影响，夏季西部我国近岸海域的水温为27℃～29℃；冬季西部海域水温低于10℃，而东部海域的水温约为20℃。东海的主要经济鱼类有带鱼、大黄鱼、小黄鱼、乌贼、鲳鱼、鳗鱼、鲐鱼、鲷鱼、海蟹、鱿鱼、马面鲀等，西部近海的舟山渔场、渔山渔场、温台渔场和闽东渔场，都是著名的渔场。东海凹陷带油气资源蕴藏丰富，远景看好。另外，东海我国沿海一带潮汐动力资源丰富，具有良好的开发前景。

◎ 渤 海

渤海是我国的内海。在辽宁省、河北省、天津市、山东省之间，基本上为陆地所环抱，仅东部以渤海海峡与黄海相通。渤海周围有 3 个主要海湾：北面的辽东湾、西面的渤海湾、南面的莱州湾。由于辽河、滦河、海河、黄河等带来大量泥沙，海底平坦，饵料丰富，是我国大型海洋水产养殖基地。沿岸盐田较多，以西岸的长芦盐场最著名。主要岛屿有庙岛群岛、长兴岛、西中岛、菊花岛等。

渤海海底平坦，多为泥沙和软泥质，地势呈由三湾向渤海海峡倾斜态势。海岸分为粉沙淤泥质岸、沙质岸和基岩岸 3 种类型。渤海湾、黄河三角洲和辽东湾北岸等沿岸为粉沙淤泥质海岸，滦河口以北的渤海西岸属沙砾质岸，山东半岛北岸和辽东半岛西岸主要为基岩海岸。

渤 海

渤海沿岸江河纵横，有大小河流40条，其中莱州湾沿岸19条，渤海湾沿岸16条，辽东湾沿岸15条，形成渤海沿岸三大水系和三大海湾生态系统。

◤ 陆地血脉——河流

◎ 尼罗河

尼罗河位于非洲东部，由南向北流，全长约 6670 千米，为世界第一长河。尼罗河是一个多源河，最远的源头称阿盖拉河，注入维多利亚湖，再从其北岸的金贾流出，北流进入东非大裂谷，形成卡巴雷加瀑布，然后经艾伯特湖北端，在尼穆莱附近进入苏丹，经马拉卡勒后称白尼罗河。由于白尼罗河流经大片沼

拓展阅读

裂谷

裂谷是板块构造运动过程中，大陆崩裂至大洋开启的初始阶段的构造类型，也是岩石圈板块生长边界的构造类型，在陆壳区、大洋中脊上均有发育。

泽，所含杂质大部分沉淀，水色纯净，但因水中挟带有大量水生植物而呈乳白色而得名。白尼罗河北流至喀土穆汇青尼罗河，在喀土穆以北 320 千米接纳阿特拉巴河，流至埃及首都开罗进入尼罗河三角洲，并分为罗基塔河与塔米埃塔河两个支汊，分别注入地中海。尼罗河流域面积约 335 万平方千米，人口超过 5000 万，流经布隆迪、坦桑尼亚、卢旺达、扎伊尔、肯尼亚、乌干达、苏丹、埃塞俄比亚、埃及等 9 个国家。白尼罗河由河源到苏丹的朱巴一段，

尼罗河

具有山地河流的特征，河流在东非高原上蜿蜒曲折，多瀑布，河水受维多利亚湖等湖泊的调节。朱巴到喀土穆以下 80 千米处的沙普鲁加峡，流经了宽达400 千米的沼泽平原。这段地区水流缓慢，由于大部分地区干热少雨，蒸发强烈，使河水损失大半。青尼罗河发源于埃塞俄比亚高原上的海拔为 1830 米的塔纳湖，由于高原湿润多雨，河流水量较大，与白尼罗河汇合处的流量达1640 立方米/秒，差不多是白尼罗河流量的两倍，再加上阿特巴拉河的来水流量 392 立方米/秒，合计流量达到 2900 立方米/秒。经过沿途引水灌溉和各种损耗，尼罗河到达河口处的流量只剩下 2200 立方米/秒，成为世界上水量最小的大河。尼罗河下游地区自古以来就是著名的灌溉农业区，孕育了古埃及文明。尼罗河水的涨落非常有规律，6 ～7 月份是洪水期，河口处的最大流量可达 6000 立方米/秒，易泛滥成灾。但是洪水带来的肥沃泥土有利于农业。在尼罗河两岸至今还留有大量古代文明的遗迹，如金字塔、巨大的帝王陵墓、神庙等。

广角镜

金字塔

在建筑学上，金字塔指角锥体建筑物。著名的有埃及金字塔，还有玛雅金字塔、阿兹特克金字塔（太阳金字塔、月亮金字塔）等。相关古文明的先民们把金字塔视为重要的纪念性建筑，如陵墓、祭祀地，甚至是寺庙。20 世纪 70 年代开始，由于建筑技术的演进，达到轻质化、可塑化，具备良好的空调与采光，现代金字塔式建筑在世界各地被建造出来。

◎ 亚马孙河

亚马孙河全长约 6400 千米，流域面积约 705 万平方千米，河口处的年平均流量达 12 万立方米/秒，是南美洲第一大河，长度仅次于非洲尼罗河，为世界第二长河，但它是世界上水量最大和流域面积最广的河流。亚马孙河上源乌卡亚利河与马拉尼翁河发源于秘鲁的安第斯山脉，干流横贯巴西西部，在马拉若岛附近注入大西洋。亚马孙河流域广大，包括巴西的大部分，委内瑞拉、哥伦比亚、厄瓜多尔、秘鲁和玻利维亚的一部分。亚马孙河支流众多，有来自圭亚那高原、巴西高原和安第斯山脉的大小支流近千条。其主要有雅普拉河、茹鲁阿河、马代拉河、欣古河等7条，它们的长度都在1600千米以上，其中马代拉河最长，达3219千米。亚马孙河地处世界上最大最著名的热带雨林地区，降水非常充沛，由西部的平原到河口的辽阔地域内，年平均降水量都在2000毫米以上，河水量终

亚马孙河河口

年丰沛，洪水期河口的流量可达20万立方米/秒。亚马孙河每年注入大西洋的水量，约占全世界河流入海总水量的20%。亚马孙河水大、河宽、水深，巴西境内的河深大多在45米以上。马瑙斯附近深达百米，下游的河宽在20～80千米，喇叭形的河口宽约240千米。如此宽深的水面，使亚马孙河成为世界最著名的黄金水道之一，具有极大的航运价值。亚马孙河流域的大部分地区覆盖着热带雨林，动植物种类繁多，是生物多样性最为丰富的地区。热带雨林中的硬木、棕榈、天然橡胶林等，都具有极大的经济价值，但开发利用应当科学有度。河深水阔的亚马孙河，支流密布，加上大片的沼泽和众多的湖泊，组成了一片广袤的淡水水域，栖息和繁衍着大量鱼群和为数众多的珍稀生物。

◎长 江

长江又名扬子江，是我国的第一大河，世界第三大河，全长约6300千米，流域面积约181万平方千米，年平均入海流量约30900立方米/秒。长江的正源沱沱河，发源于青海省唐古拉山主峰格拉丹东雪山的西南侧，由西向东流经青海、西藏、云南、四川、重庆、湖北、湖南、江西、安徽、江苏、上海等9个省、自治区和2个直辖市，最后在上海的吴淞口以下注入东海。长江的支流则延展至甘肃、陕西、河南、广西、广东、福建等省（区）。长江

流域西以芒康山与澜沧江水系为界，北以巴颜喀拉山、秦岭、大别山与黄、淮水系相隔，南以南岭、武夷山、天目山与珠江和闽浙诸水系为邻，东临东海，为一东西长、南北窄的流域。

长江流域是我国经济高度发达的流域，内有耕地4亿多亩（1亩≈666.67平方米），生产全国36%以上的粮食，23%以上的棉花和70%的淡水鱼类。长江水系十分发达，支流、湖泊众多，干流横贯东西，支流伸展南北，由数以千计的支流组成一个庞大的水系。主要支流有

长江巫峡

雅砻江、岷江、沱江、嘉陵江、乌江、湘江、汉江、赣江、青弋江、黄浦江等18条，它们串连着鄱阳湖、洞庭湖、太湖等大大小小湖泊。

拓展阅读

虎跳峡

　　虎跳峡，中国最深的峡谷之一，在云南省玉龙纳西族自治县龙蟠乡东北。峡谷长16千米，南岸玉龙雪山主峰海拔5596米，北岸中甸雪山海拔5396米。虎跳峡的上峡口海拔1800米，下峡口海拔1630米，两岸山岭和江面相差2500～3000米，谷坡陡峭，蔚为壮观。江流在峡内连续下跌7个陡坎，落差170米，水势汹涌，声闻数里，为世界上最深的大峡谷之一。

长江上游河段在各省有不同的名称，在青海省玉树县以上称通天河，玉树至四川宜宾一段叫金沙江，宜宾到湖北宜昌段称川江，湖北枝城至湖南城陵矶段叫荆江。习惯上人们将宜宾以下的干流段称为长江。宜昌以上为长江上游，长约4529千米。上游宜宾以上的干流属峡谷段，河道落差很大，河流深切，滩多流急，云南境内的虎跳峡长16千米，两岸雄峰对峙，壁立千仞，江面狭窄仅有30～60米，是世界上最深的峡谷之一。奉节以下

是由瞿塘峡、巫峡、西陵峡组成的长江三峡，长约 240 千米，两岸的群峰高耸入云，悬崖峭壁压顶，风景十分壮美，是世界上著名的旅游胜地之一。宜昌至江西的湖口段为长江中游，长度约 927 千米，江水流淌在冲积平原上，多湖泊和洼地，我国的第一和第二大淡水湖鄱阳湖和洞庭湖，就分布在江西和湖

岷 江

南境内的长江边上。湖北荆江段的江面高出两岸平原，长江在此形成用堤坝约束的"地上悬河"，是常发生水患的江段，防洪问题非常突出，是 1998 年夏季抗洪的主战场。江西湖口以下为下游，长约 844 千米，水深江阔，水位变幅较小，通航能力大。河口三角洲面积广大，有崇明岛等沙岛。长江流域，除西部一小部分为高原气候外，都属亚热带季风气候，温和湿润，雨量充沛，多年平均降水量 1100 毫米左右，河流水量丰富而稳定，年际变化较小。长江流域的水力资源极其丰富，总落差约 5400 米。目前，在干支流上已建成了葛洲坝、龚嘴、丹江口、柘溪等大型水电站，总装机容量约 900 万千瓦。长江是我国的"黄金水道"，自古以来就是东西水上运输的大动脉。长江沿岸也是我国工业最为集中的地带之一，沿江有重庆、武汉、南京、上海等大城市和为数众多的中小城市。

知识小链接

水利枢纽

为满足各项水利工程兴利除害的目标，在河流或渠道的适宜地段修建的不同类型水工建筑物的综合体。水利枢纽常以其形成的水库或主体工程——坝、水电站的名称来命名，如密云水库、罗贡坝、新安江水电站等；也有直接称水利枢纽的，如葛洲坝水利枢纽。

◎ 黄 河

黄河是我国的第二长河，世界第五长河，源于青海巴颜喀拉山，干流贯穿 9 个省、自治区：青海、四川、甘肃、宁夏、内蒙古、陕西、山西、河南、山东，年径流量约 574 亿立方米，平均径流深度约 79 米。但水量不及珠江大，沿途汇集有 35 条主要支流，较大的支流在上游，有湟水、洮河，在中游有清水河、汾

> ### 趣味点击　渭 河
>
> 渭河，中国黄河的最大支流之一。流域范围主要在陕西省中部。发源于甘肃省渭源县鸟鼠山，东至陕西省渭南市，于潼关县汇入黄河。南有东西走向的秦岭横亘，北有六盘山屏障。渭河流域可分为东西两部：西为黄土丘陵沟壑区，东为关中平原区。

河、渭河、沁河，下游有伊河、洛河。两岸缺乏湖泊且河床较高，流入黄河的河流很少，因此黄河下游流域面积很小。

黄河从源头到内蒙古自治区托克托县河口镇为上游，河段长约 3472 千

咆哮的黄河

米；河口镇至河南旧孟津间为中游，河段长约 1206 千米；旧孟津以下为下游，河段长约 786 千米。黄河横贯我国东西，流域东西长约 1900 千米，南北宽约 1100 千米，总面积约 752443 平方千米。

上游河段流域面积约 38.6 万平方千米，流域面积占全黄河总量的 51.3%。上游河段总落差约 3496 米；河段汇入的较大支流

（流域面积 1000 平方千米以上）43 条，径流量占全河的 54%；上游河段年来沙量只占全河年来沙量的 8%，水多沙少，是黄河的清水来源。上游河道受阿尼玛卿山、西倾山、青海南山的控制而呈 S 形弯曲。黄河上游根据河道特性

的不同，又可分为河源段、峡谷段和冲积平原3部分。从青海卡日曲至青海龙羊峡以上部分为河源段。从青海龙羊峡到宁夏青铜峡部分为峡谷段。该段河道流经山地丘陵，因岩石性质的不同，形成峡谷和宽谷相间的形势：在坚硬的片麻岩、花岗岩及南山系变质岩地段形成峡谷，在疏松的砂页岩、红色岩系地段形成宽谷。该段有龙羊峡、积石

黄河壶口瀑布

峡、刘家峡、八盘峡、青铜峡等20个峡谷，峡谷两岸均为悬崖峭壁，河床狭窄、河道比降大、水流湍急。该段贵德至兰州间，是黄河3个支流集中区段之一，有洮河、湟水等重要支流汇入，使黄河水量大增。龙羊峡至宁夏下河沿的干流河段是黄河水力资源的"富矿"区，也是我国重点开发建设的水电基地之一。从宁夏青铜峡至内蒙古托克托县河口镇部分为冲积平原段。黄河出青铜峡后，沿鄂尔多斯高原的西北边界向东北方向流动，然后向东直抵河口镇。沿河所经区域大部分为荒漠和荒漠草原，基本无支流注入，干流河床平缓，水流缓慢，两岸有大片冲积平原，即著名的银川平原与河套平原。沿河平原不同程度地存在洪水和凌汛灾害。河套平原西

拓展阅读

河套平原

河套平原位于中国内蒙古自治区和宁夏回族自治区境内，面积约25000平方千米。地势平坦，土质较好，有黄河灌溉之利，为宁夏与内蒙古重要农业区和商品粮基地。

起宁夏下河沿，东至内蒙古河口镇，长达900千米，宽30～50千米，是著名的引黄灌区，灌溉历史悠久，自古有"黄河百害，唯富一套"的说法。

中游流域面积约34.4万平方千米，占全流域面积的45.7%；中游河段总

黄河入海口

落差890米；河段内汇入较大支流30条；区间增加的水量占黄河水量的42.5%，增加沙量占全黄河沙量的92%，为黄河泥沙的主要来源。

河口镇至禹门口是黄河干流上最长的一段连续峡谷——晋陕峡谷，河段内支流绝大部分流经黄土丘陵沟壑区，水土流失严重，是黄河粗泥沙的主要来源，全河多年平均输沙量16亿吨中约有9亿吨来源于此区间；该河段落差很大，水力资源丰富，是黄河第二大水电基地；峡谷下段有著名的壶口瀑布，深槽宽仅30～50米，枯水水面落差约18米，气势宏伟壮观。

禹门口至三门峡区间，黄河流经汾渭平原，水流缓慢。河段两岸为渭北及晋南黄土台塬，是陕、晋两省的重要农业区。该河段接纳了汾河、洛河、泾河、渭河、伊洛河、沁河等重要支流，是黄河下游泥沙的主要来源之一，多年平均来沙量约5.5亿吨。该河段在禹门口至潼关（即黄河小北干流）的约132.5千米河道，冲淤变化剧烈，河道左右摆动很不稳定。该河段在潼关附近受山岭约束，河谷骤然缩窄，形成宽仅1000余米的天然卡口，潼关河床的高低与黄河小北干流、渭河下游河道的冲淤变化有密切关系。

三门峡至桃花峪区间的河段由小浪底而分为两部分：小浪底以上，河道穿行于中条山、崤山之间，为黄河干流上的最后一段峡

黄河下游段

谷；小浪底以下，河谷渐宽，是黄河由山区进入平原的过渡地段。

下游流域面积仅 2.3 万平方千米，占全流域面积的 3%；下游河段总落差 93.6 米；区间增加的水量占黄河水量的 3.5%。由于黄河泥沙量大，下游河段长期淤积形成举世闻名的"地上悬河"，黄河约束在大堤内成为海河流域与淮河流域的分水岭。除大汶河由东平湖汇入外，本河段无较大支流汇入。下游河段利津以下为黄河河口段。黄河入海口因泥沙淤积，不断延伸摆动。目前，黄河的入海口位于渤海湾与莱州湾交汇处。

➡️ 河口平原——三角洲

三角洲又称河口平原，是由河水从上游携带的大量泥沙在河口堆积形成的。从平面上看，形状像三角形，顶部指向上游，底边为其外缘，所以叫三角洲。三角洲的面积较大，土层深厚，水网密布，表面平坦，土质肥沃。它与山麓附近的扇状冲积平原不同。扇状冲积平原面积较小，土层较薄，沙砾质地，土质不如三角洲肥沃。

世界上著名的三角洲有尼罗河三角洲、密西西比河三角洲、多瑙河三角洲、湄公河三角洲、恒河三角洲及长江三角洲等。

三角洲的形态复杂多样。除像长江三角洲这样的尖头形三角洲外，还有像扇面状和鸟足状的三角洲。如埃及的尼罗河，从阿斯旺以下到地中海入海口，河流落差很小，水流平稳，三角洲在入海口处呈扇面状展开，面积达 2.4 万平方千米。美国的密西西比河三角洲，东西宽 300 千米，南端在平面上呈鸟爪形，每两趾之间为一条河。各支流附近每年都沉积大量冲积物，因而使三角洲的面积不断扩大。目前，它仍以平均每年 75 米的速度向墨西哥湾延伸。

三角洲地区不仅是良好的农耕区，而且对形成石油和天然气也相当有利，世界上许多著名的油田都分布在三角洲地区。

◎ 尼罗河三角洲

尼罗河三角洲位于埃及北部，临地中海。由尼罗河携带的泥沙在入海口冲积而成。面积约2.5万平方千米。三角洲地势低平，土壤肥沃，河网纵横，渠道密布，集中了全国$\frac{2}{3}$的耕地。气候炎热干燥，光照强，水源充足，灌溉农业发达，是世界古文化发祥地之一，也是世界长绒棉的主要产地之一。

尼罗河三角洲

尼罗河三角洲从尼罗河谷地伸展出来，看上去就像一枝莲花，于是很多人称之为"尼罗河之花"。这一特别的形状的形成源于尼罗河干流在埃及北部开罗附近汇入地中海时河流的分散。这一地区以开罗为顶点，东部到达塞德港，西部则到达亚历山大港，绵延的海岸线长约230千米，而整个三角洲的总面积约2.4万平方千米。这使得尼罗河三角洲成为世界上最大的三角洲之一。土壤肥沃的尼罗河三角洲，成了人口密集的主要地区，孕育出了古埃及文明。

尼罗河三角洲属于典型的地中海气候，干燥少雨。通常年降水只有100～200毫米，而且主要集中在冬季。夏季七八月间平均气温约为30℃，最高可达48℃左右；冬季气温通常在5℃～10℃之间。

◎ 密西西比河三角洲

密西西比河三角洲是一个通过密西西比河在注入墨西哥湾时沉积形成的三角洲。在过去5000年中这个沉积过程使得南路易斯安那州的海岸线向墨西哥湾内推进了24～80千米。

密西西比河三角洲是一个重要的生态地区，它包括 1.2 万平方千米海岸湿地，美国 40% 的盐沼位于密西西比河三角洲。

知识小链接

盐 沼

盐沼是地表过湿或季节性积水，土壤盐渍化并长有盐生植物的地段。有人认为，盐沼属于广义的沼泽范畴，但它在水质、土壤、植被和动物各方面与其他沼泽类型都有明显的差别。盐沼地表水呈碱性，土壤中盐分含量较高，表层积累有可溶性盐，其上生长着盐生植物，这是它的基本特性。

密西西比河三角洲也是一个重要的经济区，包括重要港口新奥尔良。美国 16%～18% 的石油来自这个地区，此外 16% 的渔业（包括虾、螃蟹）也位于这里。

从侏罗纪开始密西西比河的沉积物就不断周期性地参加墨西哥湾的造岸过程。整个密西西比河河湾就是这样形成的，密西西比河三角洲只不过是其中最新的一部分。

密西西比河三角洲卫星航拍图

5000～6000 年前，海平面开始稳定，现代密西西比河三角洲的形成开始了。平均每过 1000 年左右密西西比河入海的河道就会改变。随着时间的变迁原来的河道通过沉积变得越来越长、越来越平缓。随着新的、比较短的、陡峭的河道的形成，密西西比河会转到新的河道，放弃老的河道。老河道失去了淡水和沉积物的来源后会逐渐密集化、下沉、受风化。这样它会逐渐后退，形成河湾、湖泊、海湾和浅滩。

大约 750 年前，密西西比河的主流开始使用今天的入海河道。550 年前，这条河道开始伸入墨西哥湾。

◎ 多瑙河三角洲

多瑙河三角洲位于罗马尼亚东部黑海入海口处。多瑙河在黑海入海口处形成一个巨大的扇形三角洲，这就是多瑙河三角洲。它大部分在罗马尼亚东部，小部分在乌克兰境内。面积约6000平方千米，其中河滩占总面积的25%，其余是水草地、沼泽和湖泊等，是欧洲现存的最大的湿地。多瑙河自图尔恰向东分成基利亚、苏利纳和圣格奥尔基3条岔流注入黑海，冲积成巨大的扇形三角洲。湿地、河汊、湖沼纵横交错，水陆面积

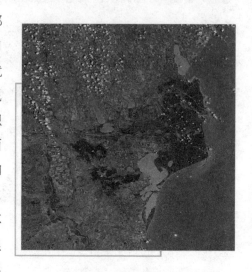

多瑙河三角洲航拍图

约各占一半，海拔很少超过4米。大部地区芦苇茂密，是世界最大的芦苇区之一，鱼类、鸟类丰富。多瑙河三角洲因资源丰富被誉为"欧洲最大的地质、生物实验室"。这里风光绮丽，是世界上罕见的自然风景区。三角洲内除了大量海洋生物外，极为丰富的陆上动植物也让你惊叹大自然的奇妙无穷。

多瑙河三角洲两岸长满了高大的橡树、白杨、柳树和各种灌木。"浮岛"是多瑙河三角洲最为著名的自然景观之一，是多瑙河三角洲腹地的一大奇景，它就像一个巨大而美丽的花园，漂浮在海面之上。"浮岛"上面长着茂盛的植物，与陆地无异，但下面却是一片湖泊，湖面碧波荡漾，湖水清澈无比。浮岛在风浪中飘游，不停地改变着多瑙河三角洲的自然面貌。浮岛占地10万公顷左右，厚约1米。春天，当多瑙河泛滥时，浮岛就成了各类飞禽走兽的避难所。因此多瑙河三角洲有"鸟和动物的天堂"之称谓。

多瑙河三角洲是湖泊、芦苇荡、草地、原始橡树林的混合地带。芦苇覆盖面积占$\frac{2}{3}$，是世界的芦苇产地之一。芦花开放，一片洁白。植物有1150

种，其中包括热带雨林的藤本植物以及睡莲。

基本小知识

芦　苇

芦苇，多年水生或湿生的高大禾草，生长在灌溉沟渠旁、河堤沼泽地等，世界各地均有生长，芦叶、芦花、芦茎、芦根、芦笋均可入药。

多瑙河三角洲水网密布，现有记载的鸟类已达 300 多种，其中有 4 种是世界上残存的鸟。300 多种鸟中有 176 种在多瑙河三角洲繁殖，在茂密的森林里和波光点点的湖面上生活着各种飞禽，有天鹅、金翅雀、热带的江鹤、

多瑙河三角洲多河滩

北极的白顶鹅、中国的白鹭、西伯利亚的长尾猫头鹰、鹈鹕、野鸭、黑雁、秃头鹰、苍鹭等，以及世界上仅存的 1.2 万多对黑颈鸬鹚，其中鹈鹕和白鹈鹕是自然界珍奇的巨大鸟类。下面是某科学观测站的数据：有鸬鹚（3000对）和倭鸬鹚（2500 对，占世界总数的 61%），鹈鹕（2500

对，占古北区繁殖鸟的 50%），287500 只红肚鸭、白鹭以及各种各样的食肉鸟，其中包括几对稀有的白尾鹰。湿地燕鸥群更是引人注目。

这里还有北美的麝香鼠、狸、鼬、狼、貂、野猫、水獭、海狗等动物，数不胜数，会让你充满惊喜。

鱼是多瑙河三角洲和湖泊的另一个财富来源：现已发现鲟鱼、鲈鱼等 60多种鱼，其中 45 种是在多瑙河及其支流中土生土长的鱼，另外 15 种为海鱼。有些鱼，如鲟，产卵时逆流而上，到河的上游产卵，它们的卵可做鱼子酱，而有些鱼，如鳝鱼，顺流而下，到海中产卵。另外多瑙河三角洲还生活着各种各样的龟类。

多瑙河三角洲的名胜古迹颇多，约 500 年前在多瑙河入黑海河口建立的吉利亚堡的废墟，现在离海岸线很远了。在巴巴格湖和赖查姆湖之间的丘陵地带，有数千年前腓尼基人建造的赫拉克里斯古城堡遗址。古老的塔尔斯城是多瑙河三角洲的起点，城内建有多瑙河三角洲自然博物馆。游人从此城出发，沿苏里那河航行，可抵达苏里那城。

多瑙河水通过 3 条支流注入黑海，从北向南，分别是基利亚河、苏利纳河和斯芬图格奥尔基河（圣乔治河）。这些名字可追溯到古希腊时代（基利亚意为"僧侣的密室"，苏利纳意为"水道"或"管道"），追溯到中世纪的意大利人，更确切地说，是热那亚人在那里的存在，他们的庇护人是圣乔治。同位于更南端的伊斯特里亚河一道，先是交易站，后是城市，就建在这些河流上，船只满载咸鱼、熏鱼、谷物、蜂蜜、毛皮和奴隶，从这里驶向希腊和意大利。

广角镜

蜜蜂

蜜蜂指蜜蜂科所有会飞行的群居昆虫，采食花粉和花蜜并酿造蜂蜜。蜜蜂群体中有蜂王、工蜂和雄蜂三种类型的蜜蜂，群体中有一只蜂王（有些例外情形有两只蜂王），1 万到 15 万只工蜂，500 到 1500 只雄蜂。蜜蜂为取得食物不停地工作，白天采蜜、晚上酿蜜，同时替果树完成授粉任务，为农作物授粉的重要媒介。

多瑙河流域属温带气候区，具有由温带海洋性气候向温带大陆性气候过渡的性质。特别是流域西部和东南部温、湿适宜，雨量充沛。河口地区则具有草原性气候特性，受大陆性气候影响，整个冬季较寒冷。以布加勒斯特为例，夏季有 3 个月气温在 20℃以上，最高气温可达 34℃，冬季有 3 个月气温低于 0℃，最低气温 -3.5℃。

就全流域来说，大部分降水出现在夏季和秋初（6～9 月），高山地区冬季降雪。降雪量占全年降水量的 10%～30%。流域内降雨分布不均匀。奥地利阿尔卑斯山区降雨量最大，年平均降雨量超过 2510 毫米，最大年降雨量超过 3000 毫米。降雨量最少的地区是匈牙利大平原和斯洛伐克摩拉瓦流域地势较低的部分以及下游地区，特别是锡雷特河以东地区和河口地区，其年平均降雨量不到 600～400 毫米，特别干旱年份降雨量还不到年平均降雨量的一半。总的来说，上游地区年降雨量多，为 1000～1500 毫米，中下游平原地区降雨量少，为 700～1000 毫米，流域平均 863 毫米。

◎ 恒河三角洲

世界最大的三角洲是恒河三角洲。它宽约 320 千米，开始点距海有 500 千米左右，在南亚次大陆东部，顶点在印度的法拉卡，西起巴吉拉蒂—胡格利河，东至梅格纳河，南濒孟加拉湾，分属孟加拉国和印度。面积约 6.5 万平方千米，大部分在孟加拉国南部，小部分在印度的西孟加拉邦。平均海拔约 10 米。恒河三角洲汇集恒河、布拉马普特拉河、梅格纳河三大水系，河道密布。南部为沼泽地和红树林，

恒河三角洲航拍图

当地称"松达班"。7～9 月为雨季，加上孟加拉湾潮水顶托，恒河三角洲常受淹。三角洲大部分地区土壤肥沃，农业发达，盛产黄麻、水稻、甘蔗等。人口密集，为南亚重要经济中心之一。交通发达，大部分河流可通航，里程达 1 万千米以上。在恒河三角洲内，河流多支汊，并游移不定。恒河三角洲是孟加拉国与印度重要的农业区，也是世界黄麻的最大产区之一。主要城市有加尔各答、达卡、吉大港等。

河口部分有大片红树林和沼泽地。这里地势低平，海拔约 10 米。河网密布，海岸线呈漏斗形，风暴潮不易分散而聚集在恒河口附近，形成强烈的潮水，铺天盖地地涌向恒河三角洲平原，很容易引起大面积洪水泛滥。

◎ 长江三角洲

长江三角洲是我国长江和钱塘江在入海处冲积成的三角洲。其包括江苏省东南部和上海市，浙江省东北部。它是长江中下游平原的一部分。长江三

长江三角洲航拍图

角洲顶点在镇江市、扬州市一线，北至通扬运河，南临杭州湾。海拔多在 10 米以下，其间有低丘（如惠山、天平山、虞山、狼山等）散布，海拔为 200～300 米。长江年均输沙量 4～9 亿吨，一般年份有 28% 的泥沙在长江中沉积，个别年份高达 78%，长江三角洲不断向海延伸。长江以南常州市、常熟市、太仓市一带的古沙嘴海拔多为 4～6 米；长江以北扬州市、泰州市、泰兴市、如皋市一带的古沙嘴海拔 7～8 米。江南和江北的古沙嘴是冰后期最高海面稳定后逐渐发展起来的，到距今约 2000 年时北岸沙嘴伸到廖角嘴，南岸沙嘴随长江主流向东南延伸与钱

塘江口沙嘴相连，泥沙继续堆积，1958～1973 年平均每年前移 148 米。该地区属北亚热带季风气候，雨量充沛，水道纵横，向来有"水乡泽国"之称。土地肥沃，农业产水稻、棉花、小麦、油菜、花生、蚕丝、鱼虾等，是我国人口最稠密的地区之一。在长江下游和沪宁线两旁有许多重要城镇，如上海市、苏州市、常州市、无锡市、镇江市、扬州市、泰州市、南通市等。

基本
小知识

蚕 丝

蚕丝是熟蚕结茧时所分泌丝液凝固而成的连续长纤维，也称天然丝，是一种天然纤维。它是人类利用最早的动物纤维之一。

🔎 地表伤疤——火山

地壳之下 100～150 千米处，有一个"液态区"，区内存在着高温、高压下含挥发气体的熔融状硅酸盐物质，即岩浆。它一旦从地壳薄弱的地段冲出地表，就形成了火山。

火山在地球上分布是不均匀的，它们都出现在地壳中的断裂带。就世界范围而言，火山主要集中在环太平洋一带和印度尼西亚向北经缅甸、喜马拉雅山脉、中亚、西亚到地中海一带，现今地球上的活火山 99% 都分布在这两个带上。

火山出现的历史很悠久。有些火山在人类有史以前就喷发过，但现在已不再活动，这样的火山称之为"死火山"；不过也有的"死火山"随着地壳的变动会突然喷发，人们称之为"休眠火山"；人类有史以来，时有喷发的火山，称为"活火山"。

火山活动能喷出多种物质，在喷出的固体物质中，一般有被爆破碎了的岩块、碎屑和火山灰等；在喷出的液体物质中，一般有熔岩流、水、各种水溶液以及水、碎屑物和火山灰混合的泥流等；在喷出的气体物质中，一般有水蒸汽和碳、氢、氮、氟、硫等的氧化物。除此之外，在火山活动中，还常喷射出可见或不可见的光、电、磁、声和放射性物质等，这些物质有时能使人致死，或使电、仪表等失灵，使飞机、轮船等失事。

喷发的火山

火山喷发可在短期内给人类的生命财产造成巨大的损失。它是一种灾难性的自然现象。然而火山喷发后，却能提供丰富的土地、热能和许多种矿产资源，还能提供旅游资源。

◎ 富士山

　　富士山，日本第一高峰，横跨静冈县和山梨县的火山，位于东京西南约 80 千米处，主峰海拔 3776米，是日本国内的最高峰，也是世界上最大的活火山之一，目前处于休眠状态，但地质学家仍然把它列入活火山之类。环绕锯齿状的火山口边缘有"富士八峰"，即剑峰、白山岳、久须志岳、大日岳、伊豆岳、成就岳、驹岳和三岳。富士山

富士山

属于富士火山带，这个火山带是从马里亚纳群岛起，经伊豆群岛、伊豆半岛到达本州北部的一条火山链。

　　富士山山体呈圆锥状，共喷发 18 次，最近一次喷发在 1707 年。虽处于休眠状态，但仍有喷气现象。形成约有 1 万年，是典型的层状火山。基底为第三纪地层。第四纪初，火山熔岩冲破第三纪地层，喷发堆积形成山体，后经多次喷发，火山喷发物层层堆积，成为锥状成层火山。山上有植物 2000 余种，垂直分布明显，海拔 500 米以下为亚热带常绿林，500～2000 米为温带落叶阔叶林，2000～2600 米为寒温带针叶林，2600 米以上为高山矮曲林带。山顶终年积雪。北麓 5 个堰塞湖（富士五湖：山中、河口、西、精进、本栖）映照着皑皑白雪，湖光山色，风景幽美，是日本的游览胜地。辟有各种公园、科学馆、博物馆和各种游乐场所。山顶有巨大的火山口，直径约 800 米，深约 200 米。

　　由于火山口的喷发，富士山在山麓处形成了无数山洞，有的山洞至今仍有喷气现象。最美的富岳风穴内的洞壁上结满钟乳石似的冰柱，终年不化，

被视为罕见的奇观。山顶上有大小两个火山口。天气晴朗时，在山顶看日出、观云海是世界各国游客来日本必不可少的游览项目。

你知道吗

钟乳石

钟乳石又称石钟乳，是指碳酸盐岩地区洞穴内在漫长地质历史中和特定地质条件下形成的石钟乳、石笋、石柱等不同形态碳酸钙沉淀物的总称。钟乳石的形成往往需要上万年或几十万年时间。由于形成时间漫长，钟乳石对远古地质考察有着重要的研究价值。

富士山的北麓有富士五湖。从东向西分别为山中湖、河口湖、西湖、精进湖和本栖湖。山中湖最大，面积为 6.75 平方千米。湖畔有许多运动设施，可以打网球、滑水、垂钓、露营和划船等。湖东南的忍野村，有涌池、镜池等 8 个池塘，总称"忍野八海"，与山中湖相通。河口湖是五湖中开发最早的，这里交通十分便利，已成为五湖观光的中心。湖中的鹈岛是五湖中唯一的岛屿。岛上有一专门保佑孕妇安产的神社。湖上还有长达 1260 米的跨湖大桥。河口湖中所映的富士山倒影，被称做富士山奇景之一。

西湖又名西海，是五湖中环境最安静的一个湖。据传，西湖与精进湖原本是相连的，后因富士山喷发分成两个湖，但这两个湖底至今仍是相通的。精进湖是富士五湖中最小的一个湖，但其风格却最为独特，湖岸有许多高耸的悬崖，地势复杂。本栖湖水最深，最深处达 126 米。湖面终年不结冰，呈深蓝色，透着深不可测的神秘色彩。

富士山的南麓是一片辽阔的高原地带，绿草如茵，为牛羊成群的观光牧场。山的西南麓有著名的白

富士山西湖

系瀑布和音止瀑布。白系瀑布落差 26 米，从岩壁上分成 10 余条细流，似无数白练自空而降，形成一个宽 130 多米的雨帘，颇为壮观。音止瀑布则似一根巨柱从高处冲击而下，声如雷鸣，震天动地。

◎ 圣海伦斯火山

它是北美洲的活火山。位于美国西北部华盛顿州，喀斯喀特山北段。休眠 123 年后于 1980 年 3 月 27 日突然复活，5 月 18 日的喷发最为剧烈，烟云冲向 2 万米高空，火山灰随气流扩散至 4000 千米以外，撒落在距火山 800 千米处的也有 1.8 厘米厚。火山附近河流被堵塞、改道，许多道路被埋没。熔岩流引起森林大火，周围几十千米内生物绝迹。由于山地冰雪大量融化，形成汹涌的急流，加之上升气流中的大量水汽在高空凝结，暴雨成灾，使冲刷下

圣海伦斯火山

的火山灰形成泥浆洪流，从山上倾泻而下，严重破坏了沿途的农田、森林及一切设施。火山喷发后，附近地形发生显著变化，原来的火山锥顶部崩坍，形成一个新火山口。这次火山喷发造成 60 多人死亡，390 平方千米土地变成不毛之地，损失巨大，是美国历史上，也是 20 世纪以来地球上规模最大的火山爆发之一。

不毛之地——沙漠

沙漠，是大自然留给人类的不幸之地。全世界有 $\frac{1}{10}$ 的陆地是沙漠。我国的沙漠面积约占全国面积的 11%。有些荒漠中见不到沙，尽是些光秃秃的石滩和砾石，这就是常说的戈壁。我国的戈壁面积有约 46 万平方千米。

沙　漠

世界上的沙漠大多分布在南北纬15～35度之间的信风带。这些地方气压高，天气稳定，风总是从陆地吹向海洋，海上的潮湿空气却进不到陆地上，因此雨量极少，非常干旱。地面上的岩石经风化后形成细小的沙粒，沙粒随风飘扬，堆积起来，就形成了沙丘，沙丘广布，就变成了浩瀚的沙漠。

知识小链接

戈　壁

　　戈壁在蒙古语中有沙漠、砾石荒漠、干旱的地方等意思。在中文里又称"瀚海沙漠""戈壁滩""戈壁沙漠"。戈壁是世界上巨大的荒漠与半荒漠地区之一，绵亘在中亚浩瀚的大地，跨越蒙古和中国广袤的空间。戈壁多数地区不是沙漠而是裸岩。

◎ 撒哈拉沙漠

　　撒哈拉沙漠是世界最大的沙漠，几乎占满非洲北部。撒哈拉沙漠西濒大西洋，北临阿特拉斯山脉和地中海，东为红海，南为萨赫勒——一个半沙漠干草原的过渡区。

　　"撒哈拉"这个名称来源于阿拉伯语，是从当地游牧民族图阿雷格人的语言引入的，在其语言中就

撒哈拉沙漠

是"沙漠"的意思。

撒哈拉沙漠将非洲大陆分割成两部分，北非和南部黑非洲。这两部分的气候和文化截然不同，撒哈拉沙漠南部边界是半干旱的热带稀树草原，阿拉伯语称为"萨赫勒"，再往南就是雨水充沛、植物繁茂的南部非洲，阿拉伯语称为"苏丹"，意思是黑非洲。

撒哈拉沙漠主要的地形包括：季节性泛滥的盆地和大绿洲洼地，高地多石，山脉陡峭，以及遍布沙滩、沙丘和沙海。

撒哈拉沙漠植被

撒哈拉沙漠约在 500 万年之前就以气候型沙漠形式出现。自从那时起，它就一直经历着干、湿情况的变动。

尼罗河的主要支流在撒哈拉沙漠汇集，河流沿着沙漠东边缘向北流入地中海；有几条河流入撒哈拉沙漠南面的查德湖，还有相当数量的水继续流往东北方向重新灌满该地区的蓄水层；尼日河水在几内亚的富塔贾隆地区上涨，流经撒哈拉沙漠西南部，然后向南流入海。从阿特拉斯山脉和利比亚、突尼斯、阿尔及利亚以及摩洛哥的沿海高地流入的溪流为干河床（季节性溪流）提供了额外的水量。撒哈拉沙漠的沙丘储有相当数量的雨水，沙漠中的各处陡崖有渗水和泉水出现。

撒哈拉沙漠的土壤有机物含量低，且常常无生物活动，仅在某些地区有固氮菌。洼地的土壤常含盐。沙漠边缘上的土壤则含有较集中的有机物质。

撒哈拉沙漠气候由信风带的南北转换所控制，常出现许多极端气候。它有世界上最高的蒸发率，并且有一连好几年没降雨的最大面积记录。气温在海拔高的地方可达到霜冻和冰冻地步，而在海拔低处可有世界上最热的天气。

撒哈拉沙漠植被整体来说是稀少的，高地、绿洲洼地和干河床四周散布有成片的青草、灌木和树。

知识小链接

洼 地

洼地指近似封闭的比周围地面低洼的地形。有两种情况：①指陆地上的局部低洼部分。②指位于海平面以下的内陆盆地。洼地因排水不良，中心部分常积水成湖泊、沼泽或盐沼。

◎ 塔克拉玛干沙漠

在我国新疆南部塔里木盆地内，有我国最大的沙漠，它就是塔克拉玛干沙漠。塔克拉玛干沙漠的侧翼都是雄伟的山脉：北面是天山，南面是昆仑山，西面是帕米尔高原。东面逐渐过渡，直到罗布泊。在南面和西面，沙漠和山脉之间，是由卵石碎屑沉积物构成的一片坡形沙漠低地。

塔克拉玛干沙漠东西长约 1000 多千米，南北宽约 400 多千米，总面积约 337600 平方千米，在世界沙漠

一望无垠的塔克拉玛干沙漠

排名里处于第十位。由于它是我国最大的沙漠，所以习惯上称它为"塔克拉玛干大沙漠"。沙漠的地形基本是西南部高，东北部低。

塔克拉玛干沙漠处于大陆内部，属于典型的大陆性气候，而且风沙十分强烈，温度变化极大，全年降水稀少。然而，在世界所有的大沙漠当中，这片沙漠又是最神秘、最具诱惑力的沙漠之一。这首先表现在沙漠中的流动沙丘。塔克拉玛干沙漠中的流动沙丘面积巨大，其高度一般在 100～200 米，有的沙丘可以达到 300 米左右。这些沙丘类型复杂，形态多样，有众多复合型沙山和沙垄，他们就像憩息在荒漠中的一条条巨龙。众多的沙丘组成多样的

塔克拉玛干沙漠稀疏的植被

沙丘群，有蜂窝状的、羽毛状的、鱼鳞状的，变幻莫测。沙漠中有两座红白分明的高大沙丘，人们给它取了个神圣的名字叫"圣墓山"。它们分别是由红沙岩和白石膏经过风化形成的。在"圣墓山"上，有一种奇特的风蚀蘑菇，其高度约 5 米，巨盖下可容纳 10 多个人。

沙漠中全年中有三分之一的日子都刮着风沙，其风速可达每秒约 300 米。由于整个沙漠受南北和西北两个盛行风向的相互影响，风沙活动频繁而十分剧烈，流动沙丘占沙丘面积的 80% 以上。

塔克拉玛干沙漠属于大陆性气候，气候干燥。在炎炎烈日之下，沙面的温度异常的高，有时可达 70℃～80℃。由于赤日下的银沙刺眼，还有地表旺盛的蒸发，经常会使地表的景物飘忽不定，于是这时候往往在远处出现幻景，这就是沙漠中的"海市蜃楼"。

塔克拉玛干沙漠中并不是一片死寂。在沙漠的四周，沿着内流河叶尔羌河、塔里木河、和田河和车尔臣河的河岸，生长着茂密的胡杨林和柽柳灌木，形成沙海中的"绿岛"。尤其是纵贯沙漠的和田河沿岸，生长着芦苇、胡杨和各种各样的沙生野草，构建出沙漠中的"绿色走廊"，"走廊"中流水潺潺，绿洲互通。这一带的小林中还生活着野

拓展阅读

胡杨林

胡杨又称胡桐、英雄树、异叶胡杨、异叶杨、水桐、三叶树，是杨柳科杨属胡杨亚属的一种植物，常生长在沙漠中。它耐寒、耐旱、耐盐碱、抗风沙，有很强的生命力。

兔、小鸟等动物，这些使"死亡之海"显露出一丝生机。另外，考察人员在沙层下面发现了丰富的地下水资源，这一发现推翻了对于该沙漠的"生命禁区论"。

塔克拉玛干沙漠气候条件恶劣，白天炎热难耐，晚上却十分寒冷，昼夜温差达40℃以上。沙漠年平均降水量不超过100毫米，最低时只有4毫米左右，而平均蒸发量高达2500～3400毫米，这大大加剧了干旱的状况。沙漠的西部地区，夏季盛行北风和西北风，两种气流在位于克里雅河最北端的沙漠中心附近会合后，形成复杂的大气环流系统，这一点在沙丘的形状上有清楚的反映。春季来临时，地表沙逐渐变暖，上升气流发展，东北风逐渐强烈起来。在此期间，常常发生强沙暴，使大气很快充满沙尘，最高海拔可达3962米左右。

塔克拉玛干沙漠地处亚欧大陆的内部，四面为高山环绕。这里有变幻多样的沙漠形态，有丰富而抗盐碱、抗风沙的沙生植物，有蒸发量高于降水量的干旱气候，还有尚存于沙漠中的湖泊、穿越沙海的绿洲、潜入沙漠的河流，以及生活在沙漠中的野生动物等。尤其是被深埋于沙海下的丝绸之路遗址、远古村落、地下石油及多种矿藏等统统被笼罩在奇幻的迷雾之下，等待着人们去探索。

广角镜

石　油

石油又称原油，是一种黏稠的、深褐色液体。其主要成分是各种烷烃、环烷烃、芳香烃的混合物。它是古代海洋或湖泊中的生物经过漫长的演化形成的，属于化石燃料。地壳上层部分地区有石油储存。石油主要被用来作为燃油和汽油，也是许多化学工业产品如化肥、杀虫剂和塑料等的原料。

◎ 阿拉伯沙漠

阿拉伯沙漠位于亚洲西南部，几乎占有整个阿拉伯半岛，是世界大沙漠区之一。其覆盖面积约为233万平方千米，北连叙利亚沙漠，东北和东面濒波斯湾和阿曼湾，东南和南面临阿拉伯海和亚丁湾，西接红海。阿拉伯沙漠

阿拉伯沙漠

的大部分在今沙特阿拉伯王国境内。亚丁湾和红海岸上的也门在西南与沙漠接壤。突出到阿曼湾中的阿曼在沙漠最东端与之毗连。阿拉伯联合酋长国和多哈成为此地区的东北边缘，沿波斯湾南岸伸展开来。科威特邻沙特阿拉伯与伊拉克之间的北波斯湾；科威特西面的一个中立区（呈钻石形）为沙特阿拉伯与伊拉克所共有。在西北部，沙漠延伸进入约旦。

从空中看，阿拉伯沙漠像是一片广漠的淡沙色地带，偶有一列蒙眬的悬崖或山脉、黑色的岩浆流或延伸到天际的微红沙丘体系。植被初看似乎并不存在，但却可看到地表的一层细微的茸毛，或力求生存的片片绿色灌木。几乎总有和风吹拂，而随季节的变化变成暴风。无论是寒冷还是炎热，这些气流或使沙体冷却，或将其烤得滚烫。日月在晴空中是明朗的，不过沙尘和湿气却降低了能见度。

阿拉伯沙漠是世界上最神秘的沙漠，除有变化多端的沙漠景致，连绵不断的沙丘轮廓线，质地特殊的各色沙石以外，此地的住民是最神秘的阿拉伯游牧民族——贝都因人。游人可以乘坐最适合沙漠行动的四轮车进入崎岖难行的沙漠，享受赛车穿越沙丘的快感，直驱贝都因人居住的小村庄。在帐篷里享用地道的风味烤肉餐，随兴加入当地部落的营火晚会及传统歌舞，更加贴近游牧民族的真实生活。

◆ 移动的固体——冰川

冰川是一种巨大的流动固体，是在高寒地区由雪再结晶聚积成巨大的冰山，因重力作用冰山流动，成为冰川。冰川作用包括侵蚀、搬运、堆积等，这些作用造成许多地形，使得经过冰川作用的地区形成多样的冰川地貌。全世界存在有多达 70000～200000 个冰川。冰川自两极到赤道带的高山都有分布，总面积约 16227500 平方千米，即覆盖了地球陆地面积的11%，约占地球上淡水总量的 69%。现代冰川面积的 97%、冰量的 99% 为南极大陆和格陵兰两大冰盖所占有，特别是南极

绒布冰川

大陆冰盖面积达到 1398 万平方千米（包括冰架），最大冰厚度超过 4000 米，冰从冰盖中央向四周流动，最后流到海洋中崩解。

粒雪

　　粒径较大的团粒状的雪，是由积雪盆地中积聚的结晶形态的新雪，在压力或热力作用下，经融化、冻结、归并而成。粒雪呈白色粒状，粒径常达 0.5 厘米以上，比重平均 0.5 左右。粒雪在热力、压力的继续作用下，压紧、冻结或发生重结晶形成块状的冰川冰。冰川冰呈蓝色，比重约为 0.9。如对积雪盆地作一剖面，自上而下大致可分为积雪、粒雪和冰川冰三部分。

　　冰川是由多年积累起来的大气固体降水在重力作用下，经过一系列变质成冰过程形成的，主要经历粒雪化和冰川冰两个阶段。它不同于冬季河湖冻结的水冻冰，构成冰川的主要物质是冰川冰。在极地和高山地区，气候严寒，常年积雪，当雪积聚在地面上后，如果温度降低到零下，可以受到它本身的压力作用或经再度结晶而造成雪粒，称为粒雪。当雪层增加，将粒雪往更深处埋，冰的结晶越变越粗，而粒雪的密度则因存在于粒雪颗粒间

的空气体积不断减少而增加，使粒雪变得更为密实而形成蓝色的冰川冰，冰川冰形成后，因受自身很大的重力作用形成塑性体，沿斜坡缓慢运动或在冰

层压力下缓缓地流动形成冰川。

在南极和北极圈内的格陵兰岛上，冰川是发育在一片大陆上的，所以称之为大陆冰川。而在其他地区冰川只能发育在高山上，所以称这种冰川为山地冰川。在高山上，冰川能够发育，除了要求有一定的海拔外，还要求高山不要过于陡峭。如果山峰过于陡峭，降落的雪就会顺坡而下，形不成积雪。

格陵兰岛冰盖

拓展阅读

冰河时代

地球表面覆盖有大规模冰川的地质时期，又称为冰川时期。两次冰期之间为一相对温暖时期，称为间冰期。地球历史上曾发生过多次冰期，最近一次是第四纪冰期。地球在40多亿年的历史中，曾出现过多次显著降温变冷，形成冰期。特别是在前寒武纪晚期、石炭纪至二叠纪和新生代的冰期都是持续时间很长的地质事件，通常称为大冰期。大冰期内又有多次大幅度的气候冷暖交替和冰盖规模的扩展或退缩时期，这种扩展和退缩时期即为冰期和间冰期。

我国山地冰川按成因分为大陆性冰川和海洋性冰川两大类。总储量约51300亿立方米。前者占冰川总面积的80%，后者主要分布在念青唐古拉山东段。按山脉统计，昆仑山脉、喜马拉雅山脉、天山山脉和念青唐古拉山脉的冰川面积都超过7000平方千米，4条山脉的冰川面积共计40300平方千米，约占全国冰川总面积的70%，其余30%的冰川面积分布于喀喇昆仑山、羌塘高原、帕米尔高原、唐古拉山、祁连山脉、冈底斯山、横断山脉及阿尔泰山脉。

按照冰川的规模和形态，冰川分为大陆冰盖（简称冰盖）和山地冰川（又称山地冰川或高山冰川）。山地冰川主要分布在地球的高纬和中纬山地区。其类型多样，主要有悬冰川、冰斗冰川、山谷冰川、平顶冰川。

大陆冰盖主要分布在南极和格陵兰岛。全世界冰川面积共有 1500 多万平方千米，其中南极和格陵兰的大陆冰盖就占去 1465 万平方千米。因此，山地冰川与大陆冰盖相比，规模极为悬殊。

巨大的大陆冰盖上，漫无边际的冰流把高山、深谷都掩盖起来，只有极少数高峰在冰面上冒了一个尖，辽阔的南极冰盖，过去一直是个谜，深厚的冰层掩盖了南极大陆的真面目。科学家们用地球物理勘探的方法发现，茫茫南极冰盖下面有许多小湖泊，而且这些湖泊里还有生命存在。

我国的冰川都属于山地冰川。就是在第四纪冰期最盛的冰河时代，冰川规模大大扩大，也没有发育为大陆冰盖。

◎ 冰川的地貌特征

雪线：一个地方的雪线位置不是固定不变的。季节变化就能引起雪线的升降，这种临时现象叫做季节雪线。只有夏天雪线位置比较稳定，每年都回复到比较固定的高度，由于这个缘故，测定雪线高度都在夏天最热月进行。就世界范围来说，雪线是由赤道向两极降低的。珠穆朗玛峰北坡雪线高度在 6000 米左右，而在南北极，雪线就降低在海平面上。雪线是冰川学上一个重要的标志，它控制着冰川的发育和分布。只有山体高度超过该地的雪线，每年才会有多余的雪积累起来。年深日久，才能成为永久积雪和冰川发育的地区。

粒雪盆：雪线以上的区域，从天空降落的雪和从山坡上滑下的雪，容易在地形低洼的地方聚集起来。由于低洼的地形一般都

粒雪盆

是状如盆地，所以在冰川学上称其为粒雪盆。粒雪盆是冰川的摇篮，聚积在粒雪盆里的雪，究竟是怎样变成冰川冰的呢？雪花经过一系列变质作用，逐渐变成颗粒状的粒雪。粒雪之间有很多气道，这些气道彼此相通，因此粒雪层仿佛海绵似的疏松。有些地方的冰川粒雪盆里的粒雪很厚，底部的粒雪在上层的重压下发生缓慢的沉降压实和重结晶作用，粒雪相互连结合并，减少空隙。同时表面的融水下渗，部分冻结起来，使粒雪的气道逐渐封闭。被包围在冰中的空气就此成为气泡。这种冰由于含气泡较多，颜色发白，容重约为0.82～0.84克/立方厘米，也有人把它专门叫做粒雪冰。粒雪冰进一步受压，排出气泡，就变成浅蓝色的冰川冰。巨厚的冰川冰在本身压力和重力的联合作用下发生塑性流动，越过粒雪盆出口，蜿蜒而下，形成长短不一的冰舌。长大的冰舌可以延伸到山谷低处以至谷口外。发育成熟的冰川一般都有粒雪盆和冰舌，雪线以上的粒雪盆是冰川的积累区，雪线以下的冰舌是冰川的消融区。二者好像天平的两端，共同控制着冰川的物质平衡，决定着冰川的活动。雪线正好相当于天平的支点。

冰斗

冰斗：在河谷上源接近山顶和分水岭的地方，总是形成一个集水漏斗的地形。当气候变冷开始发育冰川的时候，这种靠近山顶的集水漏斗，首先为冰雪所占据。冰雪在集水漏斗中积累到一定程度，发生流动而成冰川。冰川对谷底及其边缘有巨大的刨蚀作用，它像木匠的刨子和锉刀那样不断地工作，原来的集水漏斗逐渐被刨蚀成三面环山、宛如一张藤椅似的盆地形伏。这种地形叫做冰斗。冰斗大多发育在雪线附近。

一般山谷冰川，往往要爬上冰坎，才能看到白雪茫茫的粒雪盆。当冰川消失之后，这样的盆底就是一个冰斗湖泊。高山上常常可以见到冰斗湖，它们有规则地分布在某个高度上，代表着古冰川时代的雪线高度。

知识小链接

刨 子

刨子，用来刨直、削薄、刨光、做平物面的一种木工工具。明朝时，由罗马传入我国，对明式家具的发展起到了重大作用。

冰碛：水冻结成冰，体积要增加9%左右。当融化的冰雪水在晚上重新在岩石裂缝里冻结时，对周围岩体施展着强大的侧压力，压力最大可达2吨/平方厘米。在这样强大的冻胀力面前不少岩石都破裂了，寒冻和风化作用不仅在山坡裸露的地方进行，在冰川底床也能进行。这是因为冰川底床有暂时的压力融水，融水渗入谷底岩石裂缝里，冻结时也产生强大的冻胀力。寒冻和风化作用不停地在山坡上和冰川底床制造松散的岩块碎屑，山坡上的碎屑在重力作用下滚落到冰川上，底床里的碎屑更容易被冰川挟带着一起流动。冰川挟带的碎石岩块通称为冰碛。冰川表面的岩石碎块称为表碛；冰川内部的叫内碛；冰川底部的叫底碛；冰川两侧的是侧碛。侧碛靠近山坡，碎石岩块的来源丰富，因而侧碛又高又大，像左右两道夹峙着冰川的巍巍城墙。到冰舌前端，两条侧碛大多交汇在一起，连成环形的终碛。终碛像高大的城堡，拱卫着冰川，攀登冰川的人，必须首先登临终碛，才能接近冰川。我国西部不少终碛高达200余米。并不是所有冰川都有终碛的，前进迅速和后退迅速的冰

冰碛物

川都没有终碛，只有冰川在一个地方长期停顿时，才能造成高大的终碛。两条冰川汇合时，相邻的两条侧碛合为一条终碛。树枝状山谷冰川表面终碛很多，整个冰川呈现黑白相间的条带状。冰碛是冰川搬运和堆积的主要物质，

也是冰川改变地球面貌的证据之一。

冻胀力

在水和含水土体冻结过程中，因体积膨胀受到约束形成的力。

冰川年轮：粒雪盆中的粒雪和冰层大致保持平整，层层叠置。每一年积累下来的冰层，在冰川学上叫做年层。冬季积雪经夏季消融后，形成一个消融面，消融面上污化物较多，所以也叫做污化面。污化面是划分年层的天然标志。有了年层，冰层就能像树轮一样被测出年龄来。由于冰川在形成的时候封存了一些空气和尘埃，冰川学家能够从中提取气泡和尘埃分析当时的气候。

冰面湖：冰面湖的形成主要有 3 种形式。一种是冰川上的冰下河道融蚀冰川，产生巨大的洞穴或隧道，洞穴顶部塌陷，便形成较深较大的长条形湖泊。一种是冰川低陷处积水，在夏季产生强烈的融蚀作用而形成的。另外，冰川周围嶙峋的角峰，经常

隧道

地下通道的一种，也是最常运用的一种。设计给交通或其他用途使用，通常用来穿山越岭，若施工于地下则称作地下隧道。

不断地崩落下岩屑碎块。如果较大体积的岩块覆盖在冰川上，引起差别消融，就能生长成大小不等的冰蘑菇。如果崩落的岩块较小，在阳光下受热增温就会促进融化，结果岩块陷入冰中，形成圆筒状的冰杯。冰杯形成速度很快，在冰面上形成大大小小的积水潭，在夏天消融期间，冰面积水温度较高，有时竟达到5℃。因此积水的融蚀作用强烈，能把蜂窝状的冰杯逐渐融合一起，形成宽浅的冰面湖泊。冰面湖泊给冰川景色增添了更为绚丽多彩的风光。夏天，每当朝日初升或夕阳西下的时候，碧绿的湖面上霞光万道，灿烂夺目。

冰洞：夏季，冰川经常处于消融状态中。冰川的消融分为冰下消融、冰

内消融和冰面消融 3 种。地壳经常不断向冰川底部输送热量，从而引起冰下消融。不过冰下消融对于巨大的冰川体来说，是微不足道的。当冰面融水沿着冰川裂缝流入冰川内部，就会产生冰内消融。冰内消融的结果，孕育出许多独特的冰川岩溶现象，如冰漏斗、冰井、冰隧道和冰洞等（我们知道云南的石林是由喀斯特地貌形成的，由冰内消融引起的冰川地貌很像喀斯特地貌，冰川学家称这种冰川形态为喀斯特冰川）。

冰洞

冰钟乳：冰川上的融水，在流动过程中，往往形成树枝状的小河网，时而曲折蜿流，时而潜入冰内。在一些融水多面积大的冰川上，冰内河流特别发达。当冰内河流从冰舌末端流出时，往往冲蚀成幽深的冰洞。洞口好像一个或低或高的古城拱门。从冰洞里流出来的水，因为带有悬浮的泥距沙，像乳汁一样浊白，冰川学上叫冰川乳。当冰川断流的时候，走进冰洞，犹如进入一个水晶宫殿。有些冰川，通过冰洞里的隧道，一直可以走到冰川底部去。冰洞有单式的，有树枝状的，洞内有洞。洞中冰柱林立，冰钟乳悬连，洞壁的花纹十分美丽。有的冰洞出口高悬在冰崖上，形成十分壮观的冰水瀑布。

冰塔：冰面差别消融产生许多壮丽的自然景象，如冰桥、冰芽、冰墙和冰塔等。尤其是冰塔林，吸引了不少人的注意。珠穆朗玛峰和希夏邦马峰地区的很多大冰川上，发育了世界上罕见的冰塔林。一座又一座数十米高的冰塔，仿佛用汉白玉雕塑出来似的，它们朝天耸立在冰川，千姿万态。有的像西安的大雁塔、小雁塔的塔尖，有的像埃及尼罗河畔的金字塔，有的像僵卧的骆驼，有的又像伸向苍穹的利剑。

冰蘑菇：冰川周围嶙峋的角峰，经常不断地崩落下岩屑碎块。如果崩落的岩块较小，在阳光下受热增温就会促进融化，结果岩块陷入冰中，形成圆筒状的冰杯，进而形成冰面湖。如果较大体积的岩块覆盖在冰川上，引起差别消融，当周围的冰全部融化了，而大石块因为遮住了太阳辐射，其下的冰没有融化，就能生长成大小不等的冰蘑菇。

沙漠绿岛——绿洲

在浩瀚无边、黄沙漫漫的沙漠中，人们有时能看到一片片水草丛生、绿树成荫、泉水潺潺、牛羊成群的绿洲，好像是黄色沙海中的绿色岛屿，也是沙漠中唯一的绿地。

绿洲一般都分布在大河流经或有地下水出露的洪水冲积扇的边缘地带，也有在高山冰雪融化后流经的山麓地区。绿洲上水源充足，气候适宜，土壤肥沃，庄稼和植物生长的条件良好。尤其

> **趣味点击** **冲积扇**
>
> 冲积扇是河流出山口处的扇形堆积体。当河流流出谷口时，摆脱了侧向约束，其携带物质便铺散沉积下来。冲积扇平面上呈扇形，扇顶伸向谷口；立体上大致呈半埋藏的锥形。多种气候条件下都可形成，在加拿大的北极地区、瑞典的拉普兰区、日本、阿尔卑斯山脉、喜马拉雅山脉以及其他温暖湿润的地区均可见到。

是夏季，高山冰雪融化，雪水源源流入绿洲，使绿洲生机盎然。

沙漠绿洲

绿洲的面积一般都不大，一些较大的绿洲成为农业发达和人口集中的居民区。我国境内的天山山脉和祁连山脉山麓都有绿洲分布。在世界最大的撒哈拉大沙漠中也有一些风光奇特的绿洲。那里，潺潺的泉水汇成一条条清澈透亮的小溪，灌溉着两岸的土地，高大的枣椰树

把黄沙弥漫的荒野装饰得一片翠绿。人们把这些荒漠中的沃土，视为沙漠中的"珍珠"，备加珍爱。

◤ 天然泥盆——盆地

盆地四周高、中间低，整个地形像一个大盆。盆地的四周一般有高原或山地围绕，中部是平原或丘陵。

盆地主要有两种类型。一种是地壳构造运动形成的盆地，称为构造盆地，如我国新疆的吐鲁番盆地、江汉平原盆地。另一种是由冰川、流水、风和岩溶侵蚀形成的盆地，称为侵蚀盆地，如我国云南西双版纳的景洪盆地，主要由澜沧江及其支流侵蚀扩展而成。

盆地面积大小不一，中国的四川、柴达木等盆地，面积都在 10 万平方千米以上。有些盆地内的自然条件优越，资源丰富，被人们称为"聚宝盆"。我国的四川盆地素有"天府之国"之称；柴达木盆地富积岩盐，藏语"柴达木"就是盐泽的意思；新疆吐鲁番盆地盛产葡萄。

➡ ◎ 刚果盆地

刚果盆地是非洲最大的盆地，也是世界上最大的盆地，面积约 337 万平方千米。它位于几内亚高原、南非高原、东非高原及低小的阿赞德高原之间，大部分在刚果民主共和国境内，西部及北部包括刚果民主共和国及中非的部分领土。

刚果盆地原为内陆湖，因地盘上升和湖水外泄，形成典型的大盆地。

刚果盆地地形周高中低，除西南部有狭窄缺口外全被高原山地包围。内部为平原，

刚果盆地

地势低下，平均海拔 300～500 米，从东南向西北倾斜，多湖泊，有大片沼泽。平原上刚果河及其支流具有宽广的谷地，排水不畅，河水漫出河床而形成大片沼泽。

平原外围有孤山和丘陵，高度为海拔 500～600 米，是平原和盆边高地的过渡带。

盆地边缘为一系列高原、山地。北缘为中非高地，平均海拔 700～800 米，为刚果河、乍得湖、尼罗河三大水系的分水岭；东缘为米通巴山脉；东南缘是南非高原北端的加丹加高原，为刚果河和赞比西河的源地；西南缘隆达高原是安哥拉比耶高原的北延，为刚果河、开赛河和安哥拉北部诸河的分水岭；西缘为喀麦隆低高原、苏安凯山地、凯莱山地和瀑布高原等一系列高地。

广角镜

石英岩

石英岩，主要矿物为石英，可含有云母类矿物及赤铁矿、针铁矿等。石英岩是一种主要由石英组成的变质岩（石英含量大于85%），是石英砂岩及硅质岩经变质作用形成。一般是由石英砂岩或其他硅质岩石经过区域变质作用，重结晶而形成的。也可能是在岩浆附近的硅质岩石经过热接触变质作用而形成石英岩。

刚果盆地是个构造盆地，底部是基本上未受扰动的厚层沉积岩，形成平坦单调的地形，只有断层作用造成的一些零星分布的不高的陡崖在一定程度上打破这种单调的景观。沉积岩是在内湖沉积的，后来由于地壳上升，原始的刚果河切穿盆地西缘，内湖才逐渐消失。现在盆地西南部的两个大湖就是它的残迹。盆地周围是相邻高原的边坡，其基底结晶岩广泛出露。

刚果盆地拥有仅次于亚马孙河盆地的世界第二大热带雨林，汇聚了极其丰富的物种，包括1万多种植物、400多种哺乳动物、1000多种鸟、200多种爬行动物。这里的大森林被称为地球上最大的物种基因库之一。

◎巴黎盆地

巴黎盆地位于法国北部。南靠中央高原，东至洛林高原，北邻阿登高地，西到阿莫里坎丘陵。东西宽约 450 千米，南北长约 300 千米，面积约占国土的 $\frac{1}{4}$。地势低平，平均海拔 178 米，中心地带海拔仅 26 米。边缘环有海拔约 300 米的丘陵，高原塞纳河流贯全境，有运河与卢瓦尔河、马斯河、摩泽尔河相通。巴黎盆地号称是法国最广阔、最肥沃的平原，这里是法国农业最先进的地区之一，盛产甜菜、小麦、燕麦、蔬菜和葡萄。东部旧香槟省以葡萄种植业和酿酒业（香槟酒）闻名。巴黎位于盆地中央。盆地气候上为温带海洋气候：冬季温和，夏季凉爽，气温年较差小，雨日多，日照少。地中海沿岸为地中海气候：冬季温和多雨，夏季炎热干燥。其降水适中，日照充足。

知识小链接

燕　麦

　　燕麦，又名雀麦、野麦。燕麦一般分为带稃型和裸粒型两大类。世界各国栽培的燕麦以带稃型的为主，常称为皮燕麦。我国栽培的燕麦以裸粒型的为主，常称裸燕麦。裸燕麦的别名颇多，在我国华北地区称为莜麦；西北地区称为玉麦；西南地区称为燕麦，有时也称莜麦；东北地区称为铃铛麦。

◎四川盆地

　　四川盆地是我国四大盆地之一，位于四川省东部，西面是青藏高原，南面有云贵高原，东面是巫山，北面有大巴山，面积 10 多万平方千米，是我国典型的盆地。盆周山地海拔多在 1000～3000 米；盆底地势低矮，海拔 200～750 米，是我国地势划分的第二级阶梯上相对凹下的部分；因为地表广泛出露侏罗纪至白垩纪的红色岩系，又

四川盆地

称为红色盆地。西部是大幅隆起、地域辽阔的高原和山地，海拔多在4000米以上，属我国地势划分的第二级阶梯。

你知道吗

磷灰石

磷灰石有4种，主要指氟磷灰石。磷灰石是一系列磷酸盐矿物的总称，它们有很多种，如黄绿磷灰石、氟磷灰石、氧硅磷灰石、氯磷灰石、锶磷灰石等。磷灰石是提炼磷的重要矿物，其中氟磷灰石是商业上最主要的矿物。磷灰石的形状为玻璃状晶体、块体或结核，它们的颜色多种多样，一般多为带个锥面尖头的六方柱形。多数磷灰石都很纯净，如果它们再硬一些，就可以当作宝石了。磷灰石加热后常会发出磷光。在各种火成岩中可以见到磷灰石的影子。

四川盆地位于亚热带，北有秦岭、大巴山阻挡寒潮侵袭，冬季温和，少见冰雪，最冷月平均温度较同纬度的长江中下游高出2℃～4℃，春季亦早来一个月，利于冬小麦、油菜、蚕豆等越冬作物和亚热带多年生植物生长。夏季长约5个月。盆地历来以农产品丰饶著称，被誉为"天府之国"。盆地内还蕴藏煤、石油、天然气以及盐、硫黄等矿产，已发展为中国西南部重要工业基地。旧时对外交通不便，有"蜀道难，难于上青天"之说。今已修建成渝、宝成、成昆、川黔、襄渝等铁路，整治长江航道，开辟成都、重庆飞往全国各主要城市的航空线，交通形势有了根本的改变。成都、重庆是我国西南地区重要经济和交通中心。

盆地北纳岷江、沱江、嘉陵江等支流，南纳乌江。四川盆地在形成的过程中，周围山地，高原的细沙和泥土被流水冲积到盆底，含铁、磷、钾的物质经过氧化，变成紫红色，所以四川盆地又被称"紫色盆地"。四川盆地的土壤多为紫色土，富含磷、钾等养分，这里气候暖和，利于亚热带作物生长。

盆地边缘多山，山势陡峻，发源于盆地边缘山地的河流大多为"V"形谷，岭谷高差都逾500～1000米，地表崎岖。山脊海拔大多在2000～3000米，西北部与西部可超过3000～4000米，如龙门山约4984米，峨眉山约3099米。

地表广泛出露古生代及其以前的石灰岩，其次为板岩、片岩、结晶灰岩、石英岩、沙泥岩和砾岩，局部有花岗岩和玄武岩。石灰岩分布区可见石林、溶洞、暗河、槽谷等喀斯特地貌，盆地南缘兴文县素有"石林洞乡"之称。巫山十二峰和金佛山等名山主要也由石灰岩发育而成。由石灰岩、玄武岩、花岗岩等组成的峨眉山及由砂泥岩、砾岩组成的青城山，素有"峨眉天下秀"、"青城天下幽"之称。

盆地植被

盆地底部海拔多数在 250～700 米，地势东南倾，盆地内各河流均由边缘山地汇聚盆地底部的长江干流，形成向心状水系。四川盆地为丘陵性盆地，底部以丘陵为主，次为低山和平原，是中国中生代陆相红层分布最集中地区。

四川盆地中植物近万种，古老而特有种之多为我国其他地区所不及。在盆地边缘山地及盆东平行岭谷尚可见水杉、银杉、鹅掌楸、檫木、三尖杉、珙桐、水青树、连香树、领春木、金钱槭、腊梅、杜仲、红豆杉、钟萼

拓展阅读

峨眉山

峨眉山位于中国四川峨眉山市境内，景区面积约 154 平方千米，最高峰万佛顶海拔约 3099 米。地势陡峭，风景秀丽，有"秀甲天下"之美誉。气候多样，植被丰富，共有3000 多种植物，其中包括世界上稀有的树种。山路沿途有较多猴群，常结队向游人讨食，胜为峨眉一大特色。它又是中国四大佛教名山之一，有寺庙约26 座，重要的有八大寺庙，佛事频繁。1996 年 12 月 6 日，峨眉山乐山大佛作为文化与自然双重遗产被联合国教科文组织列入世界遗产名录。

木、福建柏、穗花杉、崖柏、木瓜红等珍稀孑遗植物与特有种。在湿热河谷可见桫椤、小羽桫椤、乌毛蕨、华南紫萁、里白等古热带孑遗植物。已在金佛山和缙云山分别设立了自然保护区。盆地东南缘的酉阳还有世界上最高大的白花泡桐，最高者达44米。

四川盆地的地带性植被是亚热带常绿阔叶林，其代表树种有栲树、峨眉栲、刺果米槠、青冈、曼青冈、包石栎、华木荷、大包木荷、四川大头茶、桢楠、润楠等。其次有马尾松、杉木、柏木组成的亚热带针叶林及竹林。边缘山地从下而上是常绿阔叶林、常绿阔叶与落叶阔叶混交林、寒温带山地针叶林，局部有高山草甸。

◎ 塔里木盆地

我国最大的内陆盆地。在新疆维吾尔自治区南部。北、西、南为天山山脉、帕米尔高原和昆仑山脉、阿尔金山环绕。平均海拔1000米左右，西部海拔1000米以上，东部罗布泊降到780米。面积53万平方千米。由于深处大陆内部，又有高山阻碍湿润空气进入，年降水量不足100毫米，大多在50毫米以下，极为干旱。盆地中心形成塔克拉玛干沙漠。罗布泊、台特马湖周围为大片盐漠。发源于天山山脉、昆仑山脉的河流到沙漠边缘就逐渐消失，只有叶尔羌河、和田河、阿克苏河等较大河流能维持较长流程。各河均汇入塔里木河。

菱形的塔里木盆地

"塔里木"维吾尔语即"河流汇集"之意。旧时喀什噶尔河、渭干河等也汇入塔里木河，后因灌溉耗水过多，与塔里木河间已断流。水源充足的山麓地带已发展为灌溉绿洲，著名的有库尔勒、库车、阿克苏、喀什、叶城、和田、于田等。塔里木盆地是我国最古老的内陆产棉区，光照条件好，热量丰富，能满足中、晚熟陆地棉和长绒棉的需要。昼夜温差大，有利于作物积累养分，又不利害虫孳生，是我国优质棉种植的高产稳产区。瓜果资源丰富，著名的有库尔勒香梨、库车白杏、阿图什无花果、叶城石榴、和田红葡萄等，木本油料的薄壳核桃种植也很普遍，和田的地毯编织和桑蚕都发达。

盆地东西长约 1400 千米，南北宽约 550 千米。地势由南向北缓斜并由西向东稍倾。边界受东西向和北西向深大断裂控制，成为不规则的菱形，并在东部以 70 千米宽的通道与河西走廊相接。

趣味点击　结晶岩

结晶岩为酸性浅色岩石，是典型的结晶结构，几乎不含有深色的矿物，主要成分为长石和石英，所以又名长英岩。外貌多为砂糖状，可能是由残余的熔岩岩浆结晶而成的。

塔里木盆地是大型封闭性山间盆地，地质构造上是周围被许多深大断裂所限制的稳定地块，地块基底为古老结晶岩，基底上有厚约千米的古生代和元古代沉积覆盖层，上有较薄的中生代和新生代沉积层，第四纪沉积物的面积很大，构造上的塔里木盆地地块和地貌上的塔里木平原，范围并不一致。坳陷内有巨厚的中生代和新生代陆相沉积，最大厚度达万米，是良好含水层。盆地呈不规则菱形，四周为高山围绕。边缘是与山地连接的砾石戈壁，中心是辽阔沙漠，边缘和沙漠间是冲积扇和冲积平原，并有绿洲分布。盆地地势西高东低，微向北倾。盆地最低点塔里木河位置偏于盆地北缘，水向东流。

知识小链接

草甸

草甸是指在适中的水分条件下发育起来的以多年生中生草本植物为主体的植被类型。草甸与草原的区别在于草原以旱生草本植物为主，是半湿润和半干旱气候条件下的地带性植被；而一般的草甸属于非地带性植被，可出现在不同植被带内。

盆地沿天山山脉南麓和昆仑山脉北麓，主要是棕色荒漠土、龟裂性土和残余盐土。昆仑山脉和阿尔金山北麓则以石膏岩盘棕色荒漠土为主。沿塔里木河和大河下游两岸的冲积平原上主要是草甸土和胡杨林土（土壤学上亦称吐喀依土）。草甸土分布广。

◎ 准噶尔盆地

准噶尔盆地是我国第二大盆地，位于新疆境内，天山山脉和阿尔泰山脉之间，平面形态南宽北窄，略呈三角形，面积约 38 万平方千米。准噶尔盆地具有双基底结构：下部为前寒武纪结晶基底，上部为晚海西期（泥盆~早中石炭世）的褶皱基底。

准噶尔盆地东西长约 1120 千米，南北最宽处约 800 千米。海拔 500 ～ 1000 米（盆地西南部的艾比湖湖面海拔仅 190 米），东高西低。盆地西部有高达 2000 米的山岭，多缺口，西北风吹入盆地，冬季气候寒冷，雨雪丰富。

准噶尔盆地荒漠景观

盆地边缘为山麓绿洲，日平均气温大于 10℃ 的温暖期约 140 ～170 天，栽培作物多一年一熟，盛产棉花、小麦。盆地中部为广阔草原和沙漠（古尔班通古特沙漠），部分为灌木及草本植物覆盖，主要为南北走向的垄岗式固定、半固定沙丘，南缘为蜂窝状沙丘。

盆地南缘冲积扇平原广阔，是新垦农业区。发源于山地的河流，受冰川和融雪水补给，水量变化稳定，农业用水保证率高。除额尔齐斯河注入北冰洋外，玛纳斯、乌伦古等内陆河多流注盆地，积聚为湖泊（如玛纳斯湖、乌伦古湖等）。

　　准噶尔盆地内蕴藏着丰富的石油、煤和各种金属矿藏，盆地西部的克拉玛依是中国较大的油田。北部的阿尔泰山区盛产黄金。

　　准噶尔盆地是晚古生代至中、新生代多旋回叠合盆地，其上沉积石炭纪、二叠纪、三叠纪、侏罗纪、白垩纪、第三纪和第四纪地层。盆地中央地层平缓，具稳定地块特征，盆地南部是天山山前坳陷（或称天山北缘前陆盆地），盆地西北部为成吉思汗逆冲断褶带，盆地东北部为克拉美丽山山前坳陷。盆地演化可划分为前陆盆地阶段、坳陷盆地阶段和再生前陆盆地阶段。

　　盆地中部为古尔班通古特沙漠，面积48800平方千米。年降水量150～250毫米。一些河流的尾闾可深入沙漠形成一定的植被覆盖，使沙丘成固定或半固定状态，部分地区可用为冬季牧场。居民大部分是维吾尔族人和蒙古人。汉族多住在南部绿洲、农场和工业区。

◎ 柴达木盆地

　　柴达木盆地是青藏高原北部边缘的一个巨大的山间盆地，地处青海省西北部，西北倚阿尔金山，北和东北临祁连山，南为昆仑山，面积约25.5万平方千米。盆地西部海拔约3000米，东部降至2600米左右。西部有许多低山，经强烈风蚀形成大体平行排列的长冈和劣地，也有大片流动沙丘。盆地东南部有黄土状物质分布，依靠地下水发展灌溉农业，春小麦产量高。发源于四周山地的河流汇集于覆盖有第四系沉积物的盆地中部，形

柴达木盆地地貌

成众多的湖泊和湿地，多为咸水湖或盐湖，环湖有盐土平原。

　　"柴达木"蒙古语即盐泽之意。位于盆地中央的察尔汗盐湖是我国最大盐湖，面积约4704平方千米，最厚盐层达15米，储盐量约250亿吨。茶卡盐池、柯柯盐池的储盐量也很大。贯穿盆地南北的公路，有31千米就修筑在盐

壳上。当地还有用盐块砌成的房屋。盆地中部有煤矿、铅锌矿和石油，已建立炼油厂。昆仑山北麓还发现铁矿和有色金属矿。铁路已由西宁通到拉萨。公路网也已初具规模，通达省内各地和相邻的省区。

水中陆地——岛屿

四面环水的陆地称为岛屿。其中面积较大的称为岛，如我国的台湾岛；面积特别小的称为屿，如厦门对岸的鼓浪屿。聚集在一起的岛屿称为群岛，如我国的舟山群岛。而按弧线排列的群岛又称为岛弧，如日本群岛、千岛群岛等。

全世界的海岛有 20 多万个，大的可容纳几个中等国家。世界海岛总面积达约 996.35 万平方千米，占地球陆地面积的 6.6%。全世界约有 42 个国家的领土全部由岛屿组成。

按岛屿的成因可分成大陆岛、火山岛、珊瑚岛和冲积岛四大类。

大陆岛是一种由大陆向海洋延伸露出水面的岛屿。世界上较大的岛基本上都是大陆岛。它是因地壳上升、陆地下沉或海面上升、海水侵入，使部分陆地与大陆分离而形成的。世界上最大的格陵兰岛、著名的日本列岛、大不列颠群岛，以及我国的台湾岛、海南岛，都是大陆岛。

火山岛是因海底火山持久喷发，岩浆逐渐堆积，最后露出水面而形成的。如夏威夷群岛是由一系列海底火山喷发而成，露出水面后呈长长的直线形。

> **趣味点击**
>
> ### 珊瑚虫
>
> 珊瑚纲中多类生物的统称。身体呈圆筒状，有 8 个或 8 个以上的触手，触手中央有口。多群居，结合成一个群体，形状像树枝，产于热带海中。珊瑚虫种类很多，是海底花园的建设者之一。它的建筑材料是它外胚层的细胞所分泌的石灰质物质，建造的各种各样美丽的建筑物则是珊瑚虫身体的一个组成部分——外骨骼。平时能看到的珊瑚便是珊瑚虫死后留下的骨骼。

珊瑚岛是由热带、亚热带海洋中的珊瑚虫残骸及其他壳体动物残骸堆积而成的，主要集中于南太平洋和印度洋中。珊瑚礁有 3 种类型：岸礁、堡礁和环礁。世界上最大的堡礁是澳大利亚东海岸的大堡礁，长约 2000 千米，宽 50 ～ 60 千米，最宽处 240 千米，十分壮观。

夏威夷群岛

冲积岛一般都位于大河的出口处或平原海岸的外侧，是河流泥沙或海流作用堆积而成的新陆地。世界最大的冲积岛是位于亚马孙河河口的马拉若岛。

海岛在人类文明的发展史上，具有独特的地位，有过重要的贡献。利用海岛的自然优势，可以建立起各种优异的商港、渔港、军港、工业基地。风光秀丽、气候宜人的海岛更是人们向往的旅游胜地。

◎ 格陵兰岛

格陵兰岛的极昼现象

格陵兰岛是世界最大岛，在北美洲东北，北冰洋和大西洋之间。从北部的皮里地到南端的法韦尔角相距约 2574 千米，最宽处约 1290 千米。海岸线全长约 3.5 万多千米。

其实，这个岛并不像它的名字那样充满着春意。格陵兰在地理纬度上属于高纬度，它最北端莫里斯·杰塞普角位于北纬 83 度 39 分，而最南端的法韦尔角则位于北纬 59 度 46 分，南北长约 2600 千米，相当于欧洲大陆北端至中欧的距离。最东端的东北角位于西经 11 度 39 分，而西端亚历山大角则位于西经 73 度 08 分。那里气候严寒，冰雪茫茫，中部地区的最冷月平均温度为 −47℃，绝对最低温度达到 −70℃。

格陵兰岛无冰地区的面积约 34.17 万平方千米，但其中北海岸和东海岸的大部分地区，几乎是人迹罕至的严寒荒原。有人居住的区域约 15 万平方千米，主要分布在西海岸南部地区。该岛南北纵深辽阔，地区间气候存在重大差异，位于北极圈内的格陵兰岛出现极地特有的极昼和极夜现象。

格陵兰岛上的冰山

格陵兰岛是一个由高耸的山脉、庞大的蓝绿色冰山、壮丽的峡湾和贫瘠裸露的岩石组成的地区。从空中看，它像一片辽阔空旷的荒野，那里参差不齐的黑色山峰偶尔穿透白色眩目并无限延伸的冰原。但从地面上看去，格陵兰岛是一个差异很大的岛屿：夏天，海岸附近的草甸盛开紫色的虎耳草，还有灌木状的山地木岑和桦树。但是，格陵兰岛中部仍然被封闭在巨大冰盖上，在几百千米内既不能找到一块草地，也找不到一朵小花。格陵兰岛是一个无比美丽并存在巨大地理差异的岛屿。东部海岸多年来堵满了难以逾越的冰块，因为那里的自然条件极为恶劣，交通也很困难，所以人迹罕至。这就使这一辽阔的区域成为北极的一些濒危植物、鸟类和兽类的天然避难所。矿产以冰晶石最负盛名。水产丰富，有鲸、海豹等。

知识小链接

桦 树

桦树是桦木属植物的通称。全世界约有 100 种，主要分布于北温带，少数种类分布至寒带。中国产 29 种，其中以白桦分布最广，由东北、华北到西北、西南都有。此外还有红桦、硕桦、黑桦等。桦树通常是灌木或中小型乔木，木材比较坚硬，抗腐能力差，受潮易变形，可作胶合板、细木工等用材；树皮可热解提取焦油，还可制工艺品。

　　格陵兰岛长而深的峡湾伸入东西两岸腹地，形成复杂的海湾系统；人烟虽然稀少，景色却极为壮观。在沿海岸的许多地方，冰体向海面移动，冰川断裂，滑入水中形成大块冰山。

　　格陵兰岛属阴冷的极地气候，仅西南部受湾流影响气温略微提高。该岛冰冷的内地上空有一层持久不变的冷空气，冷空气上方常有低压气团自西向东移动，致使天气瞬息多变，时而阳光普照，时而风雪漫天。冬季（1月）平均气温南部为 –6℃，北部为 –35℃。西南沿岸夏季（7月）平均气温为 7℃。最北部夏季平均气温为 3.6℃。

　　格陵兰岛的植被以苔原植物为主，包括苔草、羊胡子草和地衣。有限的无冰地区除了一些矮小的桦树、柳树和桤树丛勉强存活外，其他树木几乎不见生存。岛上可见 7 种陆地哺乳动物：北极熊、麝牛、驯鹿、北极狐、雪兔、貂和旅鼠。四周的水域中有海豹和鲸，它们过去是格陵兰人的主要食物来源。

◎ 台湾岛

　　台湾岛是我国第一大岛，位于东海南部，西依台湾海峡（属于东海）；东濒太平洋；东北与日本为邻；南隔巴士海峡与菲律宾相望。岛形狭长，从最北端富贵角到最南端鹅銮鼻，长约 394 千米；最宽处在北回归线附近，约 144 千米。面积约 3.58 万平方千米，占全省面积逾 99%，为台湾省主岛，在世界大岛中列第 38 位。人口约 2300 万（2006 年）。其中汉族约占 98%，高山族等约占 2%。

　　台湾岛属大陆岛，2 亿多年前古生代晚期，地壳运动奠定了台湾岛的地质基底。4000 万年前开始的"喜马拉雅运动"，地壳受挤压褶皱上升，形成最初台湾山系；约 250 万年前，地壳继续褶皱上升，构成台湾岛的现代地形。第四纪冰期海面下降与大陆相连，间冰期水面回升，复成海岛。

　　岛上山地和丘陵占全岛面积 $\frac{2}{3}$。分布于东部和中部，自东向西有台东、中央、玉山、雪山和阿里山 5 条平行山脉，以中央山脉为主分水岭。其中海拔 1000 米以上山地约占全部山地的一半，海拔 3500 米以上山峰有 30 余座。

最高峰玉山，海拔 3997 米，为我国东南部第一高峰。丘陵多围绕 5 大山脉山麓，主要有北部的基隆、竹南丘陵，中部的丰原、嘉义丘陵和南部的恒春丘陵，海拔约在 600 米左右。北部有大屯火山群，海拔多在 1000 米以下，是北部的重要屏障。

台湾岛最高峰——玉山

平原多在西部。台南平原最大，北起彰化，南至高雄，面积约 4550 平方千米，为岛上农业兴盛、人口密集、城镇较多地区。南部屏东平原和东北部宜兰平原亦为重要农业地区。狭长的台东纵谷平原介于台东山脉与中央山脉之间，是东部南北天然交通孔道。盆地主要有台北盆地、台中盆地和中部埔里盆地群。

海岸较为平直，岸线长约 1139 千米，东部从三貂角至旭海为断层海岸，雪山山脉北端、中央山脉北端和南端，台东山脉直逼岸边，峻峭耸立，海底急剧倾斜，离岸数千米；除北部有较大的宜兰平原外，仅在花莲、台东等地有小块冲积平原。北部从三貂角至淡水河口为峡湾海岸，多岬角湾澳。西部从淡水河口至枋寮为沙质海岸，岸线平直，沙滩绵长，较多地段便于登陆；滩涂宽广，多沙洲，尤以大肚溪口至曾文溪口一带海埔新生地增长迅速。南部从枋寮至旭海为珊瑚礁海岸，多陡峭崖岸，前有裙礁，南端鹅銮鼻与猫鼻头间

广角镜

季 风

由于大陆和海洋在一年之中增热和冷却程度不同，在大陆和海洋之间大范围的、风向随季节有规律改变的风，称为季风。形成季风最根本的原因是地球表面性质不同，热力反映有所差异。季风即由海陆分布、大气环流、大地形等因素造成的，以一年为周期的大范围的冬夏季节盛行风向相反的现象。

有较低平的南湾。

全岛河流约 151 条，以中央山脉为分水岭，分别向东、西流入海洋，大部分流程短、落差大、多险滩瀑布，富水力资源，不宜通航。以中部浊水溪最长，发源于合欢山，西流入海。河长大于 100 千米的还有高屏溪、淡水河、曾文溪、大甲溪、大肚溪，皆西流入海。天然湖泊很少，著名的有日月潭。

日月潭

地跨北回归线南北，终年受黑潮影响，属亚热带和热带湿润气候，高温、多雨、多风。年平均气温由北而南为 21℃～25℃，7 月平均气温约 28℃，1 月为 14℃～20℃；山地气温随高度而递减，3000 米以上山地冬季有积雪。年平均降水量东、中部在 2000 毫米以上，东北部的火烧寮多达 6300 毫米以上；西部沿海一带较少，多在 1500 毫米左右。降水量与季风有关，北部冬季多于夏季，南部正好相反。冬季盛行东北风，夏季盛行南风和西南风。夏、秋季常受热带气旋影响，以 7～9 月最盛。正处环太平洋地震带，地震发生频率较高，以花莲及其附近海底最多。

该岛西南有澎湖列岛，东北有钓鱼列岛，周围尚有彭佳屿、棉花屿、花瓶屿、基隆岛、和平岛、龟山岛、绿岛、兰屿、七星岩等，连该岛约 86 座岛屿。

◎ 海南岛

海南岛为我国一个省级行政区——海南省的主岛，位于我国南端，雷州半岛的南部，北以琼州海峡与广东省划界，西临北部湾与越南相对，东北濒南海与台湾省相望，东南和南边在南海中与菲律宾、文莱和马来西亚为邻。从平面上看，海南岛就像一只雪梨，横卧在碧波万顷的南海之上。

海南岛的长轴呈东北—西南向，长约 300 余千米，西北—东南向为短轴，长约 180 千米，面积约 3.39 万平方千米，是我国仅次于台湾岛的第二大岛。

美丽的海南岛

海南岛北隔琼州海峡，与雷州半岛相望。琼州海峡宽约 20 千米，是海南岛和大陆间的海上"走廊"，又是北部湾和南海之间的海运通道。由于邻近大陆，加之岛内山势磅礴，五指参天，所以每当天气晴朗、万里无云之时，站在雷州半岛的南部海岸遥望，海南岛便隐约可见。

海南岛是一个美丽富饶，历史悠久的海岛。在地质时期，海南岛原与大陆相连，后断陷形成岛屿。

地质构造运动引起的构造隆起使海南岛中部不断抬升，逐渐形成了现在海南岛的地貌特征；山地位于中央，丘陵、台地、平原依次环绕四周。海南岛平均海拔 20 米。

海南岛的地形，以南渡江中游为界，南北景色迥然不同，南渡江中游以北地区，和雷州半岛相仿，具有同样广宽的台地和壮丽的火山风光。在南渡江中游以南地区，五指山横空出世，周围丘陵、台地和平原围绕着山地，气势十分雄伟。

海南岛气候属于热带季风气候，年平均温度在 22℃～26℃，一月份，大部分地区平均温度仍在 19℃以上；最热的七月平均温度在 28℃～32℃。年均降水 1600 毫米以上，其中以八九月份降雨量最为充沛，时见暴雨出现，也常有台风侵袭。植物终年常绿，四时花开，一年四季皆宜旅游。海南岛的旅游资源得天独厚，有"东方夏威夷"之称，也是世界上最大的"冬都"。

◎ 阿拉伯半岛

在 1000 多万年前，地中海和印度洋之间的大陆是连在一起的。以后发生了地壳大变动，形成了东非大裂谷，陆地中间陷落成为红海。红海把亚非大陆截然分开。红海东边的一块土地成了一个略呈长方形的半岛——阿拉伯半岛。

阿拉伯半岛位于亚洲和非洲之间，它从中东向东南伸入印度洋，是世界上最大的半岛。向西它与非洲的边界是苏伊士运河、红海和曼德海峡。向南它伸入阿拉伯海和印度洋。向东它与伊朗隔波斯湾和阿曼湾相望。沙特阿拉伯、也门、阿曼、阿拉伯联合酋长国、卡塔尔和科威特、约旦、伊拉克位于阿拉伯半岛上。其中以沙特阿拉伯为最大。该半岛南靠阿拉伯海，东临波斯湾、阿曼湾，北面以阿拉伯河口—亚喀巴

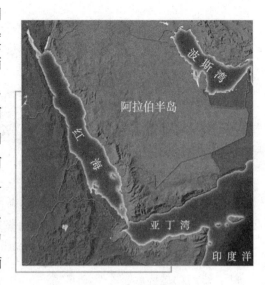

阿拉伯半岛示意图

湾顶端为界，与亚洲大陆主体部分相连。此半岛南北长约 2240 千米，东西宽 1200～1900 千米，总面积达 322 万平方千米。

阿拉伯半岛常年受副高压及信风带控制，非常干燥，几乎整个半岛都是热带沙漠气候区并有面积较大的无流区。农耕时只能用地下水。炎热干燥的气候形成了大片沙漠，沙漠面积约占总面积的 $\frac{1}{3}$。半岛南部的鲁卜哈里沙漠达 65 万平方千米。

半岛上农产品很少，人民主要以牧业为生，多数放养骆驼。当地出产的阿拉伯马和阿拉伯骆驼在世界上很有名。阿拉伯半岛及其附近的海湾中蕴藏着大量的石油和天然气，岛上许多国家都以此为经济支柱。沙特阿拉伯是世界上生产石油最多的国家，石油工业的产值占国民经济总产值的 80% 以上，被称为"石油王国"。

阿拉伯半岛西部较高，地势由西向东倾斜，呈阶梯状。西部为希贾兹—阿西尔高原；南段的希贾兹山脉海拔 3000 米左右；中部为纳季德（内志）高原；东部是平原。该半岛西南角土地肥沃，宜于耕种。

大陆的桥梁——地峡

地峡就像一座土桥，有的把两块大陆连接起来，如巴拿马地峡将南美洲和北美洲连接起来；有的把半岛和大陆连接起来，如克拉地峡是联系马来半岛和亚欧大陆的桥梁。

地峡的成因很复杂，有的是大陆板块漂移造成的，有的则是陆地部分下沉到海中造成的。在地球上，地峡分布很少，比较重要的有南、北美洲之间的巴拿马地峡，亚洲和非洲之间的苏伊士地峡，马来半岛和亚洲大陆之间的克拉地峡。

广角镜

地　峡

地峡是连接两块较大陆地或较大陆地与半岛间的狭窄地带。前者如连接亚、非两洲的苏伊士地峡，连接南、北美洲的中美地峡；后者如连接中南半岛与马来半岛的克拉地峡，连接乌克兰与克里米亚半岛间的彼列科普地峡等。地峡便于开凿运河以沟通两侧海洋，如已建成的苏伊士运河与巴拿马运河等。

地峡的地理位置特别重要，它是沟通大陆和大陆、大陆和半岛的中间桥梁，也是交通的咽喉要道。地峡比较狭窄，两边邻水，是开凿运河的良好地段。如巴拿马运河通过中美地峡，联系大西洋和太平洋；苏伊士运河穿过苏伊士地峡，沟通地中海和红海、印度洋。在地峡处开凿运河，沟通洋或海，能节约海上航程。例如轮船从美国西部海港向南航行，穿过巴拿马运河到南美

拓展阅读

运　河

运河是用以沟通地区或水域间水运的人工水道，通常与自然水道或其他运河相连。除航运外，运河还可用于灌溉、分洪、排涝、给水等。中国的运河建设历史悠久，秦始皇二十八年（公元前219年），为沟通湘江和漓江之间的航运而开挖了灵渠。京杭大运河是世界上最长的运河。

洲东部港口，要比绕道南美洲南端缩短 1 万千米。

◎ 巴拿马地峡

巴拿马地峡就是自哥斯达黎加边界至哥伦比亚边界之间的、东西走向的陆地。约长 640 千米。连接南、北美洲，分隔加勒比海（大西洋）和巴拿马湾（太平洋）。为南、北美洲最窄处（50～200 千米），巴拿马共和国国土。

最狭处为达连地峡（东）和奇里基地峡（西）。山脉、雨林和平原交错其间。最初由印第安人定居。19世纪初，巴拿马独立前始终由西班牙统治。1849 年，修筑了横贯地峡铁路。1914 年，巴拿马运河通航，很多人到运河区定居，战略地位重要。

巴拿马地峡

巴拿马地峡原是一条狭长的谷地，阻碍了南、北美大陆之间动植物群的相互交流。后来，随着板块运动的影响，南极孤立，洋流的改变，古地中海消失，阻碍了海洋的径向交换。当北极接近海面冰流及格陵兰冰流形成后，巴拿马地峡闭合，南北美大陆连成一片，由此造成两洲之间动物的交流，同时也阻止了大西洋与太平洋的沟通。巴拿马地峡关闭对生物演变产生了巨大影响，具有重大的古生物学意义。

◎ 苏伊士地峡

苏伊士地峡为苏伊士湾与红海之间的地质断层，其形成的原因不明，上新世中期此地为地中海所淹没，而与印度洋相互连通，后来受到尼罗河三角洲东部地壳隆起作用的结果，使得地峡隆起于地面，阻断了地中海与红海的相连。

苏伊士地峡位于埃及东北部，亚洲和非洲在苏伊士地峡处相连，整个地峡是平坦的沙漠地带，宽度为 135 千米，面积约有 2 万平方千米。地峡北部

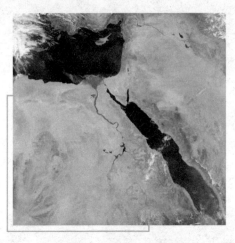

苏伊士地峡

因靠近海岸，分布着一连串的咸水湖、洼地与沼泽。

苏伊士地峡包括巴拿马地峡的伟大意义，在于他们是人类和动植物迁移的通道。来自基因和染色体的证据表明，人类的祖先来自非洲，"亚当"与"夏娃"是从东非出发，追随着猎物和可食用的植物，一步步向世界迁移的，终于布满了全世界。没有苏伊士地峡和巴拿马地峡，是无法理解人类的分布的。这其中如今已成为海峡的白令地峡也是功不可没的，当然在人类的迁移路线上，还有许多当时的地峡如今成了海峡。

◎ 克拉地峡

克拉地峡位于泰国春蓬府和拉廊府境内的一段狭长地带。为马来半岛北部最狭处，宽仅56千米。北连中南半岛，南接马来半岛，地峡以南约400千米（北纬7度~10度之间）地段均为泰国领土，最窄处50多千米，最宽处约190千米，最高点海拔75米。并且它的东西两海岸皆为基岩海岸，浪平风静。

知识小链接

海 拔

地理学意义上的海拔是指地面某个地点或者地理事物高出或者低于海平面的垂直距离，是海拔高度的简称。它与相对高度相对，计算海拔的参考基点是确认一个共同认可的海平面进行测算。这个海平面相当于标尺中的0刻度。因此，海拔高度又称之为绝对高度。

海上走廊——海峡

海峡是海洋中连接两个相邻海区的狭窄水道。

海峡是地壳运动造成的。地壳运动时，临近海洋的陆地断裂下沉，出现一片凹陷的深沟，涌进海水，把大陆与邻近的海岛，以及相邻的两块大陆分开，从而形成海峡。

通过海峡的水流湍急，水上层与下层的温度、盐度、水色及透明度都不一样。海底多为岩石和沙砾，几乎没有细小的沉积物。

海峡的地理位置特别重要，不仅是交通要道、航运枢纽，而且是历来兵家必争之地。因此，人们常称它们为"海上走廊"、"黄金水道"。

◎白令海峡

白令海峡是连接太平洋与北冰洋的海峡，并在亚洲和北美洲大陆距离最近处将之分隔。它长约60千米，宽35～86千米，平均深度约30～50米，最狭处约85千米；海峡内岛屿罗列，包括代奥米德群岛及海峡南边的圣劳伦斯岛。

白令海的部分海水流经本海峡入北冰洋，但大部分回流太平洋。冬季常有暴风雪，海面被1.2～1.5米厚的冰原所覆盖。仲夏仍有浮冰留存。在冰河时期，使海峡成为亚洲与北美洲之间的陆桥，于是发生大规模的植物、动物以及人类的迁徙。

白令海峡的狭窄和水浅削弱

趣味点击 　迁徙

迁徙，从一处搬到另一处。泛指某种生物或鸟类中的某些种类和其他动物，每年春季和秋季，有规律的、沿相对固定的路线、定时的在繁殖地区和越冬地区之间进行的长距离的往返移居的行为现象。

白令海峡大桥

了北冰洋和太平洋间深层水的交换。在距今 1 万年前的第四纪冰期时，海水低于现在海面 100～200 米，海峡曾是亚洲和北美洲间的"陆桥"，两大洲的生物通过陆桥相互迁徙。海峡水道中心线既是俄罗斯和美国的国界线，又是亚洲和北美洲的洲界线，还是国际日期变更线。白令海峡地处高纬度，气候寒冷，多暴风雪和雾，尤其冬季，气温剧降，最低气温可达 –45℃以下，海峡表层结冰，冰层厚达 2 米以上。每年 10 月到次年 4 月是结冰期，严重影响航行。海峡中海水主要是从北冰洋流来沿海峡西岸流入白令海，来自太平洋的温暖海水沿海峡东岸流入北冰洋。海峡和沿岸地区生活着适宜冰雪生态环境的海豹、海象、海狗、海獭、海狮以及北极燕鸥等。

◎ 莫桑比克海峡

莫桑比克海峡是西印度洋的一条水道，是世界上最长的海峡，东岸为马达加斯加岛，西岸为莫桑比克。

莫桑比克海峡全长约 1670 千米，呈东北斜向西南走向。海峡两端宽中间窄，平均宽度约 450 千米，北端最宽处达到 960 千米，中部最窄处约 386 千米。海峡内海水表面年平均温度在 20℃以上，炎热多雨，夏季时有因气流交汇而产生的飓风。巨型轮船可终年通航。海峡盛产龙虾、对虾和海参，并以其

莫桑比克海峡航拍图

肉质鲜嫩肥美而享誉世界市场。有莫桑比克暖流南下，气候湿热，多珊瑚礁，赞比西河从西岸注入。为东非重要航道，两岸港口有马任加、莫桑比克和贝拉。

　　莫桑比克海峡地处热带，莫桑比克暖流自北向南流，终年炎热多雨，海峡两岸地形复杂。马达加斯加岛的西北岸为基岩海岸，蜿蜒曲折，穿插着珊瑚礁和火山岛。莫桑比克北部海岸，为犬齿形侵蚀海岸。由此往南，海峡两岸都为沙质冲积海岸，发育着沙洲和河口三角洲。唯独赞比西河口两侧，为红树林海岸。

　　早在 10 世纪以前，阿拉伯人就经过莫桑比克海峡，来到莫桑比克地区建立据点，进行贸易。莫桑比克海峡是从南大西洋到印度洋的海上交通要道，波斯湾的石油有很大一部分要通过这里运往欧洲、北美，它成为世界上最繁忙的航道之一，战略地位十分重要。特别是苏伊士运河开凿之前，它更是欧洲大陆经大西洋、好望角、印度洋到东方去的必经之路。苏伊士运河开凿后，一些巨型油轮不能通过苏伊士运河而须从该海峡通过。海峡的平均宽度约 450 千米，北端最宽处约 960 千米，最深点约 3533 米。从波斯湾驶往西欧、南欧和北美的超级油轮，都是通过这条海峡，再经好望角驶往各地，因此它是南大西洋和印度洋之间的航运要道。

◎ 马六甲海峡

　　马六甲海峡是位于马来半岛与苏门答腊岛之间的海峡。它是连接安达曼海（印度洋）和南海（太平洋）的水道，西岸是印度尼西亚的苏门答腊岛，东岸是马来西亚和泰国南部。海峡长度约 800 千米，状似漏斗，其南口宽只有 65 千米，向北渐宽，到印度尼西亚的沙璜和泰国的克拉地峡之间的北口已宽达

马六甲海峡日出

249 千米。

马六甲海峡呈东南一西北走向。它的西北端通向印度洋的安达曼海，东南端连接南中国海，是连接沟通太平洋与印度洋的国际水道，也是亚洲与大洋洲的十字路口。

马六甲海峡因沿岸有马来西亚古城——马六甲而得名。海峡现由新加坡、马来西亚和印度尼西亚 3 国共管。海峡处于赤道无风带，全年风平浪静的日子很多。海峡底质平坦，多为泥沙质，水流平缓。

马六甲海峡东端有世界大港新加坡，海运繁忙。每年约有 10 万艘船只（大多数为油轮）通过海峡。日本从中东购买的石油，绝大部分都是通过这里运往国内的。

马六甲海峡的两岸常可看见海岸沼泽，沿苏门答腊东部的海岸便有一处面积很大、地势低洼的沼泽林。海峡两岸均泥沙淤积，大河口附近泥沙淤积外展程度不等，在马来西亚沿海，每年泥沙淤积外展幅度约为 9 米，而到苏门答腊东部沿海则约为 200 米。

伸入大陆的海——海湾

海湾是海和洋伸入大陆的一部分。它三面靠陆，一面朝海，其深度和宽度都比海洋要小得多。

海湾的形状各式各样，有的曲折蜿蜒，深深地伸入陆地；有的则比较平直宽阔。有的海湾周围被陆地紧紧包围，只有一个小口与外海相连，如我国山东半岛的胶州湾；有的则胸怀坦荡，张开双臂，与大海融为一体，如我国北部的渤海湾、东部的杭州湾和南海的北部湾等。

在漫长的历史年代中，海湾的形状和位置都经历了沧海桑田的巨大变迁。就以杭州湾来说，在五六千年前，现在杭州湾所在的区域还是一片汪洋大海。当时的海湾位置要一直伸入到现在的杭州城一带。海湾的北侧是宝石山、葛岭，南侧是吴山、紫阳山等，西面是挺拔的南、北高峰。现在的西湖和杭州城当时都还淹没在一片碧波荡漾的大海里。随着时间的推移，由于两侧泥沙不断堆积，沙土淤地不断向外向东推进延伸，海湾的位置也逐渐向东移动，最后形成大喇叭口似的海湾——杭州湾。

海湾不仅形态各异，而且大小差别也很大。有的海湾面积比海还大，如著名的孟加拉湾。在航海交通等实际活动中，人们往往把海和海湾混为一谈，没有严格的区别。例如，墨西哥湾是海，但称它为湾；阿拉伯海是湾，又把它称为海。

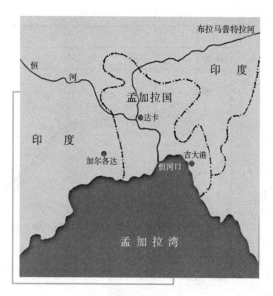

孟加拉湾

🔖 水下平原——大陆架

大陆架是大陆向海洋的自然延伸，通常被认为是陆地的一部分。它又叫"陆棚"或"大陆浅滩"。它是指环绕大陆的浅海地带。

它的范围自海岸线（一般取低潮线）起，向海洋方面延伸，直到海底坡度显著增加的大陆坡折处为止。陆架坡折处的水深在 20～550 米，平均为 130 米，也有把 200 米等深线作为陆架下限的。大陆架平均坡度为 0 度～0.7 度，宽度不等，在 1500 千米至数千米间。全球大陆架总面积为 2710 万平方千米，约占海洋总面积的 7.5%。大陆架地形一般较为平坦，但也有小的丘陵、盆地和沟谷；上面除局部基岩裸露外，大部分地区被泥沙等沉积物所覆盖。大陆架是大陆的自然延伸，原为海岸平原，后因海面上升之后，才沉溺于水下，成为浅海。

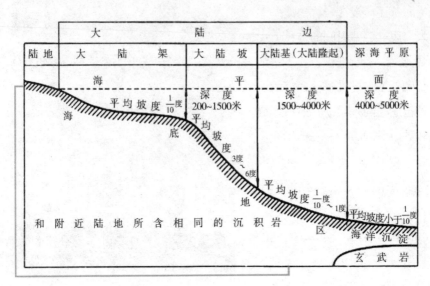

大陆架示意图

大陆架是地壳运动或海浪冲刷的结果。地壳的升降运动使陆地下沉，淹没在水下，形成大陆架；海水冲击海岸，产生海蚀平台，淹没在水下，也能形成大陆架。它大多分布在太平洋西岸、大西洋北部两岸、北冰洋边缘等。如果把大陆架海域的水全部抽光，使大陆架完全成为陆地，那么大陆架的面貌与大陆基本上是一样的。在大陆架上有流入大海的江河冲积形成的三角洲。在大陆架海域中，到处都能发现陆地的痕迹。泥炭层是大陆架上曾经有茂盛植物的一个印证。泥炭层中含有泥沙，含有尚未完全腐烂的植物枝叶，有机物质含量极高。黑色或灰黑色泥炭可以作为燃料而熊熊燃烧。在大陆架上还经常能发现贝壳层，许多贝壳被压碎后堆积在一起，形成厚度不均的沉积层。大陆架上的沉积物几乎都是由陆地上的江河带来的泥沙，而海洋的成分很少。除了泥沙外，永不停息的江河就像传送带，把陆地上的有机物质源源不断地带到大陆架上。大陆架由于得到陆地上丰富的营养物质的供应，已经成为最富饶的海域，这里盛产鱼虾，还有丰富的石油天然气储备。大陆架并不是永远不变的，它随着地球地质演变，不断产生缓慢而永不停息的变化。

大陆架有丰富的矿藏和海洋资源，已发现的有石油、煤、天然气、铜、铁等20多种矿产；其中已探明的石油储量是整个地球石油储量的1/3。大陆架的浅海区是海洋植物和海洋动物生长发育的良好场所，全世界的海洋渔场大部分分布在大陆架海区。还有海底森林和多种藻类植物，有的可以加工成多种食品，有的是良好的医药和工业原料。

依据地形学与海洋生物学的意义，大陆架可再细分为内陆架、中陆架与外陆架。

我国大陆架最南端的海角——三亚锦母角

在大陆架外缘，其地形结构急剧改变，也就是大陆坡的开始。除了少数例子外，陆架外缘几乎都坐落于海下140米处，这似乎也是冰川期的海岸线标记，当时的海平面比现代要低得多。

陆坡比陆架陡峭，其平均坡度为3度，介于1度~10度。大陆坡也常是水下河谷的终结。

陆基在陆坡之下、深海平原之上，它的斜度介于陆架与陆坡之间，即0.5度~1度，从陆坡开始向外延伸500千米，由浊流从陆架与陆坡夹带的厚厚沉积物所组成。沉积物从陆坡泄下，并在陆坡底下堆积，形成陆基。

🔍 极地之南极

南极洲又称第七大陆，是地球上最后一个被发现、唯一没有土著人居住的大陆。南极大陆被人们通常所说的南大洋（太平洋、印度洋和大西洋的南部水域）所包围，它与南美洲最近的距离约965千米，距新西兰约2000千米、距澳大利亚约2500千米、距南非约3800千米、距我国北京的距离约12000千米。南极大陆的总面积约1390万平方千米，相当于我国和南亚次大陆面积的总和，居世界各大洲第五位。整个南极大陆被一个巨大的冰盖所覆盖，平均海拔为 2350 米。南极洲是由冈瓦纳大陆分离解体而成，是世界上最高的大陆。南极横断山脉将南极大陆分成东西两部分。这两部分在地理和地质上差别很大。东南极洲是一块很古老的大陆，据科学家推算，已有几亿年

南极冰山

的历史。它的中心位于南极点，从任何海边到南极点的距离都很远。东南极洲平均海拔高度约 2500 米，最大高度约 4800 米。在东南极洲有南极大陆最大的活火山，即位于罗斯岛上的埃里伯斯火山，海拔高度约 3795 米，有 4 个喷火口。南极洲的最高处——文森山地（5140米）位于西南极洲。南极大陆98% 的地域被一个直径约 4500 千

米永久冰盖所覆盖，其平均厚度约 2000 米，最厚处达 4750 米。南极夏季冰架面积达 265 万平方千米，冬季可扩展到南纬 55 度，达 1880 万平方千米。总贮冰量约 2930 万立方千米，占全球冰总量的 90%。如其融化全球海平面将上升大约 60 米。南极冰盖将 $\frac{1}{3}$ 的南极大陆压沉到海平面之下，有的地方甚至被压至 1000 米以下。南极冰盖自中心向外扩展，在山谷状地形条件下，冰的运动呈流动状，于是形成冰川。每年因断裂而被排入海洋巨型冰块则形成冰山。沿海触地冰山可存在多年，未触地冰山受潮汐与海流作用漂移北上而逐渐融化。南极素有"寒极"之称，南极低温的根本原因在于南极冰盖将 80% 的太阳辐射反射掉了，致使南极热量入不敷出，成为永久性冰封雪覆的大陆。南极仅有冬、夏两季之分。每年 4～10 月为冬季，11 月～次年 3 月为夏季。南极沿海地区夏季月平均气温在 0℃左右，内陆地区为 −35℃～−15℃；冬季沿海地区月平均气温在 −30℃～−15℃，内陆地区为 −70℃～−40℃。南极气温随纬度与海拔的升高而下降。南极虽然贮藏了全球 75% 的淡水资源，但因其是

以永久固态方式存在的，所以南极又是异常干旱的大陆，素有"白色沙漠"之称。南极年平均降雨量为120～150毫米，沿海地区为900毫米，内陆地区仅为50毫米。有些地区仅为20～30毫米。南极"西风带"是海上航行最危险的地区，在南纬50度～70度，自西向东的低压气旋接连不断，有时多达6～7个，风

南极企鹅

速可达85千米/小时。而自南极大陆海拔高的极点地区向地势低缓的沿海地区运动的"下降风"，风势尤为强烈，其速度最大可达到300千米/小时，有时可连刮数日。

南极洲原是冈瓦纳大陆的核心部分。大约在1.85亿年前古冈瓦纳大陆先后分裂为非洲南美洲板块、印度板块、大洋洲板块并相继与之脱离。大约在1.35亿年前非洲南美洲板块一分为二，形成了非洲板块与南美洲板块。大约在5500万年前大洋洲板块最后从冈瓦纳大陆上断裂下来飘然北上，于是只剩下了南极洲。

南极洲蕴藏的矿物有220余种。主要有煤、石油、天然气、铂、铀、铁、锰、铜、镍、钴、铬、铅、锡、锌、金、铝、锑、石墨、银、金刚石等，主要分布在东南极洲、南极半岛和沿海岛屿地区。如维多利亚地有大面积煤田，南部有金、银和石墨矿，整个西部大陆架的石油、天然气均很丰富，查尔斯王子山发现巨大铁矿带，乔治五世海岸蕴藏有锡、铅、锑、钼、锌、铜等，南极半岛中央部分有锰和铜矿，沿海的阿斯普兰岛有镍、钴、铬等矿，桑威奇岛和埃里伯斯火山储有硫黄。

南极洲腹地几乎是一片不毛之地。那里仅有的生物就是一些简单的植物和一两种昆虫。但是，海洋里却充满了生机，那里有海藻、珊瑚、海星和海绵，大海里还有许许多多叫做磷虾的微小生物。磷虾为南极洲众多的鱼类、海鸟、海豹、企鹅以及鲸提供了食物来源。

 极地之北极

北极是指北纬66度34分（北极圈）以北的广大区域，也叫做北极地区。北极地区包括极区北冰洋、边缘陆地海岸带及岛屿、北极苔原和最外侧的泰加林带。如果以北极圈作为北极的边界，北极地区的总面积是2100万平方千米，其中陆地部分约占800万平方千米。

北极世界——冰雪世界

你知道吗

等温线

等温线是图上温度值相同各点的连线。1799～1804年，德国洪堡在广泛考察南北美洲和亚洲内陆的基础上，揭示了自然界各种现象之间的联系，提出借助气象要素平均值可阐明气候规律性，创造了用等温线表示平均气温的制图方法。1817年，科学家绘制了世界上第一幅等温线图。

北极地区属不折不扣的冰雪世界，但由于洋流的运动，北冰洋表面的海冰总在不停地漂移、裂解与融化，因而不可能像南极大陆那样经历数百万年积累起数千米厚的冰雪。所以，北极地区冰雪总量只接近于南极的 $\frac{1}{10}$，大部分集中在格陵兰岛的大陆性冰盖中，而北冰洋海冰、其他岛屿及周边陆地的永久性冰雪量仅占很小部分。

北冰洋表面的绝大部分终年被海冰覆盖，是地球上唯一的白色海洋。北冰洋海冰平均厚约3米，冬季覆盖海洋总面积的73％，有1000万～1100万平方千米，夏季覆盖53％，有750万～800万平方千米。中央北冰洋的海冰已

持续存在 300 万年，属永久性海冰。

北极地区海冰南界不固定，随着水文气象条件的变化，往往能变动几百千米。在风和海流的作用下，浮冰可叠积并形成巨大的浮冰山。通常所见的绝大多数冰山指的是那些从陆缘冰架或大陆冰盖崩落下来的直径大于 5 米的巨大冰体。大型的桌状冰山的厚度一般可达 200～300 米，平均寿命长达 4 年。

尽管北冰洋的大部分洋面被冰雪覆盖，但冰下的海水也像全球其他大洋的海水一样在永不停息地按照一定规律流动着。如果说潮汐是大海的脉搏，那么海水的环流就是大海的生命。在北冰洋表层环流中起主要作用的是两支海流：一支是大西洋洋流的支流——西斯匹次卑尔根海流，这支高盐度的暖流从格

美丽的北极光

陵兰以东进入北冰洋，沿陆架边缘做逆时针运动；另一支是从楚科奇海进来，流经北极点后又从格陵兰海流出，并注入大西洋的越极洋流（东格陵兰底层冷水流）。它们共同控制了北冰洋的海洋水文基本特征，如北冰洋与外海的水交换。

北冰洋周边的陆地区可以分为两大部分：一部分是欧亚大陆，另一部分是北美大陆与格陵兰岛，两部分以白令海峡和格陵兰海分隔。如果用地质学家的眼光来看，这两部分陆地有很多相似之处，它们都是由非常古老的大陆性地壳组成的。而北冰洋（大洋性地壳）年龄则年轻得多，是 0.8 亿年前的白垩纪末期才由于板块扩张而开始出现的。

北冰洋海岸线曲折，类型多，有陡峭的岩岸及峡湾型海岸，有磨蚀海岸、低平海岸、三角洲及泻湖型海岸和复合型海岸。宽阔的陆架区发育出许多浅水边缘海和海湾。北冰洋中岛屿众多，总面积约 380 万平方千米，基本上属于陆架区的大陆岛。其中最大的岛屿是格陵兰岛。格陵兰岛现有居民约 60000 人，其中 90% 是格陵兰人，其余主要为丹麦人。最大的群岛则是加拿大的北

极群岛，由数百个岛屿组成，总面积约 160 万平方千米。

北极有无边的冰雪、漫长的冬季。北极与南极一样有极昼和极夜现象，越接近北极点越明显。北极的冬天是漫长、寒冷而黑暗的，从每年的 11 月开始有接近半年时间将是完全看不见太阳的日子。温度会降到 - 50℃。此时所有海浪和潮汐都消失了，因为海岸已冰封，只有风裹着雪四处扫荡。

到了 4 月份，天气才慢慢地暖和起来，冰雪逐渐消融，大块的冰开始融化、碎裂、碰撞发出巨响；小溪出现潺潺的流水；天空变得明亮起来，太阳普照大

拓展阅读

北极点

北极点是指地球自转轴穿过地心与地球表面相交，并指向北极星附近的交点。你若站在极点之上，"上北下南左西右东"的地理常识，便不再管用。你的前后左右，都是朝着南方。你只需原地转一圈，便可自豪地宣称自己已经"环球一周"。只有用仪器，才能精密地确定北极点的准确位置。北极（南极）点上的时间实际采用"国际标准时间"即格林尼治时间。

地。五六月份，植物披上了生命的绿色；动物开始活跃并忙着繁殖后代。在这个季节，动物们可获得充足的食物，积累足够的营养和脂肪以度过漫长的冬季。

北极的秋季非常短暂，在 9 月初第一场暴风雪就会降临。北极很快又回到寒冷、黑暗的冬季。在北极，太阳永远升不到高空中，即使在仲夏时节，它升起的角度也不超过 23.5 度。北极的年降水量一般在 100～250 毫米，在格陵兰海域可达 500 毫米，集中在近海陆地上最主要的降水形式是夏季的雨水。

东非大裂谷

东非大裂谷亦称东非大峡谷或东非大地沟。

东非大裂谷是世界大陆上最大的断裂带，从卫星照片上看去犹如一道巨大的伤疤。当乘飞机越过浩瀚的印度洋，进入东非大陆的赤道上空时，从机窗向下俯视，地面上有一条硕大无比的"刀痕"呈现在眼前，顿时让人产生一种惊异而神奇的感觉，这就是著名的"东非大裂谷"。

由于这条大裂谷在地理上已经实际超过东非的范围，一直延伸到死海地区，因此也有人将其称为"非洲—阿拉伯裂谷系统"。

东非大裂谷从约旦向南延伸，穿过非洲，止于莫桑比克。总长约6400千米，平均宽度48～64千米。北段有约旦河、死海和亚喀巴湾。向南沿红海进入埃塞俄比亚的达纳基勒洼地，继而有肯尼亚的鲁道夫湖（现称图尔卡纳湖）、奈瓦沙湖和马加迪湖。坦桑尼亚境内一段东缘因受侵蚀已不太明显。裂谷后经希雷谷到达莫桑比克的印度洋

东非大裂谷

沿岸。西面一岔裂谷从尼亚沙湖北端呈弧形延伸，经过鲁夸湖、坦干伊喀湖、基伏湖、爱德华湖和艾伯特湖。裂谷湖泊多深而似峡湾，裂谷附近高原一般向上朝裂谷倾斜，有些湖底大大低于海平面。至谷底平均落差600～900米，有些地段达2700米以上。据推测，裂谷形成于上新世和更新世，一些地段同时伴随有大规模火山活动，因而形成乞力马扎罗山和肯尼亚山等山峰。

东支裂谷带：是主裂谷，沿维多利亚湖东侧，向北经坦桑尼亚、肯尼亚中部，穿过埃塞俄比亚高原入红海，再由红海向西北方向延伸抵约旦谷地，全长近6000千米。这里的裂谷带宽约几十至200千米，谷底大多比较平坦。裂谷两侧是陡峭的断崖，谷底与断崖顶部的高差从几百米到2000米不等。

西支裂谷带：大致沿维多利亚湖西侧由南向北穿过坦噶尼喀湖、基伍湖等一串湖泊，向北逐渐消失，规模比较小，全长1700多千米。东非裂谷带两

侧的高原上分布有众多的火山，如乞力马扎罗山、肯尼亚山、尼拉贡戈火山等，谷底则有呈串珠状的湖泊约 30 多个。这些湖泊多狭长水深，其中坦噶尼喀湖南北长 670 千米，东西宽 40～80 千米，是世界上最狭长的湖泊，平均水深达 1130 米，仅次于北亚的贝加尔湖，为世界第二深湖。

裂谷底部是一片开阔的原野，20 多个狭长的湖泊，有如一串串晶莹的蓝宝石，散落在谷地。中部的纳瓦沙湖和纳库鲁湖是鸟类等动物的栖息之地，也是肯尼亚重要的游览区和野生动物保护区，其中的纳瓦沙湖湖面海拔 1900 米，是裂谷内最高的湖。南部马加迪湖产天然碱，是肯尼亚重要矿产资源。北部图尔卡纳湖，是人类发祥地之一，曾在此发现过 260 万年前古人类头盖骨化石。

知识小链接

天然碱

天然碱是一种蒸发盐矿物，为水合碳酸氢钠。它呈纤维状或柱状块，灰或黄白色或无色，具有玻璃光泽。在盐湖沉积地带和干旱地呈盐霜状出现。一些地方会形成大面积的碱荒漠。

裂谷在肯尼亚境内，裂谷的轮廓非常清晰，它纵贯南北，将这个国家劈为两半，恰好与横穿全国的赤道相交叉，因此，肯尼亚获得了一个十分有趣的称号："东非十字架"。裂谷两侧，断壁悬崖，山峦起伏，犹如高耸的两垛墙，首都内罗毕就坐落在裂谷南端的东"墙"上方。登上悬崖，放眼望去，只见裂谷底部松柏叠翠、深不可测，那一座座死火山就像抛掷在沟壑中的弹丸，串串湖泊宛如闪闪发光的宝石。裂谷一侧的肯尼亚山，海拔 5199 米，是非洲第二高峰。

东非大裂谷是怎样形成的呢？据地质学家们考察研究认为，大约 3000 万年以前，由于强烈的地壳断裂运动，使得同阿拉伯古陆块相分离的大陆漂移运动而形成这个裂谷。那时候，这一地区的地壳处在大运动时期，整个区域出现抬升现象，地壳下面的地幔物质上升分流，产生巨大的张力，正是在这种张力的作用之下，地壳发生大断裂，从而形成裂谷。由于抬升运动不断地进行，地壳的断裂不断产生，地下熔岩不断的涌出，渐渐形成了高大的熔岩高原。高原上的火山则变成众多的山峰，而断裂的下陷地带则成为大裂谷的谷底。

☞ 五颜六色的土壤

在地球表面，存在着五颜六色、各种各样的土壤，它们都有着自己的发生起源，并依循着一定的发生规律而不断地发展变化。

土壤是地球陆地表面上能为植物提供生长条件的一层松散物质。那么，土壤是怎样产生的呢？土壤是由岩石经过一系列的复杂的过程产生的。但岩石并非土壤，它坚硬致密，不具备植物生长所要求的"吃、喝、住、呼吸"的条件，裸露的岩石光秃秃的，寸草不生。

岩石由各种矿物组成，如石英、长石、角闪石、云母、方解石等。白天，岩石受太阳照射接受热量，就发生膨胀，但各种矿物的导热性能不同，膨胀的程度也不一样；夜晚，岩石向大气中散发热量，产生收缩，但各种矿物的收缩程度不同。这样，就使本来紧密结合在一起的矿物之间产生缝隙，日久天长，致密坚硬的大块岩石就崩解为松散的岩石和矿物碎屑；这个过程就叫做物理崩解过程。物理崩解过程使不具备通气透水性能的岩石崩解为可以储藏水分和空气的碎屑物质，为下一步的化学分解过程创造了条件。

岩石和矿物碎屑与水分相互作用，产生化学分解过程。这个过程包括3个阶段，即溶解作用过程、水化作用过程和水解作用过程。溶解作用是指固体矿物被水溶解变为溶液中的离子。水化作用是指固体矿物与水结合改变了原矿物质的结构，使之变为更容易松散的矿物质的过程。水化作用有利于矿物质的进一步分解。水解作用是水解离出的氢离子对矿物的分解作用。它是化学分解过程中的主要作用，可使矿物彻底分解。

在物理崩解过程和化学分解过程中，岩石矿物碎屑不但具备了植物生长所要求的扎根条件、水分和空气条件，而且也使一些矿物质营养元素如磷、钾、钙、镁、锌、铁、硼、铜、钼、锰等溶解在水中，为植物提供了营养条件。但植物生长所需要的大量元素即氮素并不具备，因为岩石矿物中不含有氮素。因此，在这样的土壤中，只能生长一些能够从空气中吸收氮素的自（营）养型细菌、地衣等低等植物。它们着落在岩石矿物碎屑上，从碎屑间隙中吸取水分和其他矿物质营养元素，从空气中吸收氮素和碳素，建造它们的机体，当它们死亡后，将这些元素残留下来，使岩石矿物碎屑具备了各种营养。随着养分水平不断累积提高，为高等植物的生长创造了条件，这个过程叫做生物累积过程。

生物累积过程使土壤相对于岩石矿物碎屑来说，富集了更多的植物生长所必需的营养元素，所以土壤才能支持各种植物的生长。土壤支持植物生长的能力称为肥力。土壤的肥力水平有高有低。肥力高的土壤上生长的植物茁壮茂盛，肥力低的土壤上生长的植物低矮瘦弱。

肥 力

具有肥力，能够生长植物，这是土壤的本质属性，也是土壤与其他地理要素的一个根本区别。土壤肥力是一种天然的能力，并非施了化肥才具有肥力。它是指能同时并不断地供应和调节植物在生长过程中所需的水分、养分、空气和热量的能力。

有的土壤是从别处搬运来的。如山脚下的土壤是从山坡上经水冲刷堆落下来的；平原上的土壤是河流携带着泥沙沉积下来的；黄土高原上的土壤是大风把新疆等大西北地区的细土吹扬起来，刮到黄土高原地区沉积下来的。这些土壤从它落下来时便具备了肥力，因为它本身是其他地区的土壤，原来就有肥力，只是被风、流水等动力搬运换了个地方而已。但归根结底，最初的土壤都是由岩石变化而来的。

人们从地表向下挖一个垂直的断面，从表层向下依次可以分出3个基本的层次，即表土层、心土层和底土层，这个垂直的断面就叫土壤剖面。土壤学家就是通过研究土壤剖面来认识区分土壤的。

　　土壤剖面中的底土层称为母质层。所谓母质就是说土壤是由它产生的。底土层由岩石矿物经物理崩解和化学分解过程产生的松散碎屑物质组成。通常称产生底土层的过程为地质作用过程或风化过程，而由底土层转变为表土层和心土层的过程称为成土作用过程。

　　处于土壤剖面上部的表土层称为腐殖层，也叫淋溶层。之所以叫腐殖层，是因为该层物质中含有机物质最多，有机物质使此层显示了比它下部的心土层和底土层更黑暗的色调。表土层也称淋溶层，是因为该层的有些物质被下渗水携带由表土层转移到心土层。如碳酸钙溶于水后随下渗水由表土层淋洗到心土层，在心土层水分被吸收，碳酸钙又重新结晶沉淀出来，由此造成表土层中的碳酸钙含量比心土层中的碳酸钙含量少。

　　处于土壤剖面中部的心土层称淀积层。所谓淀积层是指从表土层即淋溶层中淋洗或淋溶下来的物质在此层淀积富集。如上面提到的碳酸钙在心土层淀积，使心土层出现石灰结核（俗称砂姜）。又如黏粒被下渗水从表土层携带到心土层中淀积下来，使心土层中的黏粒含量高于表土层中的黏粒含量。

　　我国国土辽阔，土壤种类很多。一个人常住在一个地方，发现土壤都是一样的。但如果他（她）去旅行，周游全国，就会发现全国各地的土壤大不一样，仅仅从表土层的颜色就可大概地区别它们。我国北部主要是草原地带，表土含有大量的黑色腐殖质，故北部的土壤是黑色的。我国南部土壤由于长期耕作和土壤侵蚀，表土中腐殖质含量很低，而土壤含有大量的红色的赤铁矿，使土壤呈现红色。我国东部，也即广阔的黄淮海平原区，土壤含有一定量的腐殖质，同时，这一地区地势低，地下水水位高，土壤矿物中的氧化铁水化程度高；腐殖质和水化氧化铁的共同作用，使土壤呈灰色。我国西部地区干旱，土壤中的腐殖质含量极低，而固体矿物又以石英、白云母等淡色矿物为主，所以土壤颜色呈淡白色。我国中部是黄土覆盖地区，故土壤颜色是黄（棕）色的。

五色土反映了我国东西南北中的土壤颜色。颜色是一种重要的土壤性质，根据颜色划分土壤是一种最直观最朴素的分类方法。但土壤还有许多其他性质，如粗细之分，酸碱性之分，肥力高低之别，土壤层次不同等等。科学的土壤分类不仅仅是依据土壤颜色。一个土壤类别名词代表着深刻的含义，尽管从字面上看，有些土壤类别的名称是用颜色命名的。

暗棕壤

在我国东部湿润地区，自北而南分布着棕色针叶林土，暗棕壤、褐土、棕壤、黄棕壤、红壤、砖红壤；北部温带地区自东而西分布着黑土、黑钙土、栗钙土、棕钙土和灰棕漠土；在青藏高原分布着高山草甸土、高山草原土；在低湿洼地分布着沼泽土、泥炭土；在四川盆地有大面积的紫色土分布；在干旱半干旱区的低洼地区，也有盐、碱土的零星分布。这些土壤类别是依据土壤的形成条件、土壤形成过程（成土作用）和土壤性质来划分的，是一种科学的分类，尽管有些名称是用颜色命名的。

暗棕壤是分布在我国温带地区大兴安岭中段和南极，小兴安岭、长白山地的一种森林土壤，植被主要是以红松为主的针阔叶混交林。由于温度比棕色针叶林土地区的温度较高，微生物分解有机物质的活动较强烈，所以暗棕壤表层的枯枝落叶的累积厚度不如棕色针叶林土的厚。因为阔叶树凋落物中的盐基元素含量较高，所以其分解时释放的盐基离子也可部分中和有机质分解时产生的有机酸；因此，暗棕壤的 pH 值较棕色针叶林土的高，在 6 左右，呈微酸性；土壤固体颗粒中，黏粒含量也较高。暗棕壤的土壤剖面是：土表是 10 厘米左右厚度的枯枝落叶层；表土层呈棕黑色；心土层呈亮棕或棕红色，黏粒含量较高，因为存在着表土层的黏粒向心土层迁移聚积的过程；心土层之下即为岩石风化产生的底土层——母质层。

褐土是我国华北山地丘陵地区发育在森林灌木植被下的一种土壤。地处暖温带半湿润季风气候条件下，由于湿热同步，有机质积累少，而土壤矿物分解转化为黏粒的过程强烈，所以常常心土层中的黏粒含量较高。这种由于土壤中原生矿物分解转化为次生的黏土矿物造成心土层黏粒较高的过程，称次生黏化过程，所产生的心土层称次生黏化心土层；它不同于表土层中黏粒迁移到心土层中使心土层黏粒含量较

拓展阅读

矿 物

矿物指由地质作用所形成的天然单质或化合物。它们具有相对固定的化学组成，呈固态者还具有确定的内部结构；它们在一定的物理、化学条件范围内稳定，是组成岩石和矿石的基本单元。绝对的纯净物是不存在的，所以这里的纯净物是指物理、化学成分相对单一的物质。

高的淋溶淀积过程，后者产生的心土层称为黏淀心土层。由于雨季水分充足，春冬干旱，褐土中的碳酸钙产生季节性的淋溶与淀积，在黏化心土层之下有一碳酸钙含量比表土层和底土层的碳酸钙含量都高的土层，称钙积层。钙积层之下即是底土层。褐土的淋溶过程较弱，盐基元素含量丰富，pH值在7～8。

棕壤是山东低山丘陵地区发育在落叶阔叶林下的一种土壤，气候条件比褐土的气候条件更温暖湿润，因此土壤中的淋溶过程和原生矿物转化为次生黏土矿物的过程更强烈。棕壤和褐土一样，地表有2厘米左右厚度的枯枝落叶层，表土层有机质

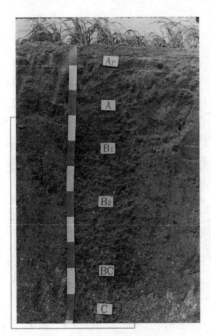

棕　壤

可可西里的红色土壤

含量较少，心土层黏粒含量较多，但棕壤没有钙积层，pH值在6～7。

黄棕壤是我国华东、华中亚热带地区发育在落叶阔叶和常绿阔叶混交林下的一种土壤。由于它处于温带地区和热带地区的过渡带，故土壤性质也有过渡性，介于热带地区的红壤和温带地区的棕壤之间，pH值在5～6，土壤有机质含量很低，具有一深厚的黏粒含量很高的心土层，但土壤已完全无碳酸钙，并且出现了少量红壤中的指示矿物赤铁矿。

知识小链接

黄棕壤

黄棕壤发育于亚热带常绿阔叶与落叶阔叶混交林下的土壤。其主要特征是：剖面中有棕色或红棕色的B层，即含黏粒量较多的黏化层；土体内有铁锰结核。

红壤是我国亚热带地区发育在常绿阔叶林下的一种土壤。由于降水多，气候炎热，土壤化学分解作用强烈，盐基大量淋失，矿质养分贫瘠，pH值在5以下，因含大量赤铁矿而使土壤呈红色。砖红壤地处红壤带南部，气候更湿热，故养分比红壤更贫乏，pH值更低。

黑土、黑钙土和栗钙土是我国

黑色土壤

北部温带地区的草原土壤。它们都有一个黑色的有机质含量高的表土层。但由于自东而西从黑土到黑钙土到栗钙土，降水量越来越少，草类生长量越来越少，这个黑色的有机物质含量高的表土层越来越薄，其表土层的有机质含量也越来越少。黑土处于黑龙江松嫩平原、三江平原地区，气候湿润，土壤被淋溶较强烈，所以剖面中没有碳酸钙累积的钙积层。黑钙土处于大兴安岭东西两侧的半湿润地区，土壤有季节性的淋溶过程，所以剖面中出现钙积层。栗钙土处于大兴安岭西侧到呼伦贝尔草原的广大半干旱地区，土壤淋溶作用更弱，因此钙积层出现的部位比黑钙土中钙积层出现的部位高。

棕钙土出现在我国内蒙古、新疆的荒漠草原地区。气候干旱、植被稀疏，土壤剖面中的表土层薄而且有机质含量很低（小于1%），颜色浅淡。由于降水少，土壤淋溶作用微弱，因此，土壤中的碳酸钙不能发生迁移，而较碳酸钙易溶解的石膏发生自上部土层向下部土层的迁移，在心土层中出现了石膏累积层。

灰棕漠土

趣味点击　　有机质

土壤有机质（腐殖质）：泛指土壤中来源于生命的物质。包括土壤微生物和土壤动物及其分泌物以及土体中植物残体和植物分泌物。

灰棕漠土属于荒漠土壤。分布在甘肃河西走廊一线以北，宁夏贺兰山以西，天山南北的广大荒漠戈壁地区，这里气候极端干旱，只有地衣等低等植物以及耐旱、深根和肉质的小灌木才能生长，故土壤表土层几乎没有有机质的积累；土壤淋溶作用极弱或没有淋溶过程，易溶盐（如氯化钠、氯化镁）也不能发生移动；土壤表土层不明显，一般无心土层，仅有机械破碎作用产生的底土层。

在四川盆地，广泛分布着紫色土。紫色土是发育在紫色砂页岩上的一种土壤。由于原始植被破坏，陡坡耕种，无水土保持措施，因此，土壤经常遭受侵蚀，使底土层不断露出地表，没有明显的表土层和心土层，土壤露出粗骨性、原始性。

在黄土高原地区，广泛分布着黄绵土。黄绵土物质疏松，空隙体积大，并含有大量碳酸盐。黄绵土地区也是我国土壤侵蚀最为严重的地区之一。由于土壤侵蚀剧烈，表土不断被冲刷，下部的生土层不断露出，造成黄绵土没有表土层、心土层和底土层的分化，实际上黄绵土是一种仅仅显示母质黄土特性的土壤，不具备表土、心土、底土的割面构型。

世界上最大的海——珊瑚海

太平洋西南部海域有个珊瑚海。它位于澳大利亚和新几内亚以东，新喀里多尼亚和新赫布里底岛以西，所罗门群岛以南，南北长约2250千米，东西宽约2414千米，珊瑚海总面积达479.1万平方千米，是世界上最大的海，相当于半个中国的国土面积。南连塔斯曼海，北接所罗门海，东临太平洋，西经托里斯海峡与阿拉弗拉海相通。

珊瑚海的海底地形大致由西向东倾斜，平均水深约2394米，大部分地方水深3000~4000米，最深处则达9174米，因此，它也是世界上最深的一个海。南纬20度以北的海底主要为珊瑚海的海底高原，高原以北是珊瑚海海盆。南所罗门海沟深7316米，新赫布里底海沟深约7540米。此外，还有北部的塔古拉堡礁，东南部的新喀里多尼亚堡礁为澳大利亚东部各港往亚洲东部的必经航路。珊瑚海属于亚热带气候，有台风，以1~4月为甚。经济资源有渔业和巴布亚湾的石油。

珊瑚海海水相当洁净，海水的含盐度和透明度很高，水呈深蓝色。在珊瑚海的周围几乎没有河流注入，这也是珊瑚海水质污染小的原因之一。珊瑚海地处赤道附近，又由于受暖流影响，大陆架区水温增高，因此，它的水温也很高，全年水温都在20℃以上，最热的月份甚至超过28℃。这些都有利于珊瑚虫生长。珊瑚礁为海洋动植物提供了优越的生活和栖息条件。珊瑚海中盛产鲨鱼，还产鲱、海龟、海参、珍珠贝等。

这里曾是珊瑚虫的天下，它们巧夺天工，留下了世界上最大的堡礁。众多的环礁岛、珊瑚石平台，像天女散花，星星点点，散落在广阔的海面上，因此得名珊瑚海。在大陆架和浅滩上，以岛屿和接近海面的海底山脉为基底，发育了庞大的珊瑚群体，形成了一个个色彩斑驳的珊瑚岛礁，镶嵌在碧波万顷的海面上，构成了一幅幅绮丽壮美的图景。

◑⏩ 世界上最深的湖泊——贝加尔湖

贝加尔湖是世界上最深和蓄水量最大的淡水湖。贝加尔湖也是世界上最古老的湖泊之一。它位于俄罗斯境内。湖型狭长弯曲，宛如一弯新月，所以又有"月亮湖"之称。它长636千米，平均宽48千米，最宽处79.4千米，面积5.57万平方千米，平均深度744米，最深点1680米，湖面海拔456米。贝加尔湖湖水澄澈清冽，且稳定透明，为世界第二。其总蓄水量23600立方千米，两侧还有1000～2000米的悬崖峭壁包围着。在贝加尔湖周围，总共有336条河流注入湖中，最大的是色楞格河，而从湖中流出的则仅有安加拉河，年均流量仅为1870立方米/秒。湖水注入安加拉河的地方，宽约1000米以上，白浪滔天。贝加尔湖构造鳞隙四周围绕着山脉，这些山脉高度达到2500多米。此湖泊的湖底沉积物厚度超过了8000米。这就是为何贝加尔湖构造鳞隙的实际深度为10～11千米。此深度可以与世界海洋最深处的马里亚纳海沟相媲美。

在冬季，湖水冻结至1米以上的厚度，历时4～5个月。但是，湖内深处的温度一直保持不变，约3.5℃。常年测量结果表明，贝加尔湖湖水的最大透明度达到40.22米，这个数值在全世界仅略低于日本的摩周湖而位居第二。透明度高的原因首先在于它深邃的湖盆。贝加尔湖是世界最深的湖泊，其湖盆的平均深度为730米，因此，尽管湖面常会出现高度4米以上的风浪，但距湖面 10 米以下的水体却是一片宁静。大量的浮游生物使贝加尔湖具有"自体净化"功能。他们能够分解水藻，分解动物尸体，是维持湖水清澈的另外一个主要原因。此外，贝加尔湖属于贫营养湖，水中氮、磷等营养元素含量低，藻类植物的密度也比较小。正是由于这些原因，贝加尔湖的湖水才显得那么晶莹剔透。科学家在对湖水取样分析后认为，按照相关标准，贝加尔湖水属于水质最好的一类水，只需滤去水中的浮游生物，就可以直接饮用。其总蓄水量 23600 立方千米，相当于北美洲五大湖蓄水量的总和，约占地表不冻淡水资源总量的 $\frac{1}{5}$。据说，贝加尔湖的淡水够人类喝 100 年。

贝加尔湖中有植物 600 种，水生动物 1200 种，其中 $\frac{3}{4}$ 为贝加尔湖特有的，从而形成了其独一无二的生物种群，如全身透明的凹目白鲑和银灰色的著名珍稀动物贝加尔海豹等，还有各种软体动物、海绵生物等珍稀动物。

世界最长的古运河——京杭大运河

因为现代交通更为便捷，如今的古运河已经失去了昔日的作用，这些失去昔日功能的古运河，逐渐地成为了人们旅游的景点，变相地发挥着它们的作用。它们给人展示了一种另类的风景，令人流连忘返。

京杭大运河是我国古代劳动人民留给后世的一件宝贵财富。它是古代工程伟大、历史悠久旷世之作，与万里长城一起享誉全球，长度位居世界古运河之首。

京杭大运河始凿于春秋末期，之前我国东南地区和中原地区之间没有相通的水路，无论是入海行商还是彼此交往都及其不便，不仅绕远，而且更是风险丛生。于是公元前 485 年，吴王为了北上伐齐下令开凿邗沟，也就是"邗沟东道"。邗沟长 150 余千米，沟通了长江与淮河之间的河道。

隋炀帝为了满足自己出行乐趣，不惜征调民工 200 余万，将邗沟扩展为南北大运河，全长 2700 多千米，水面宽 30～70 米，沟通了海河、黄河、淮河、长江以及钱塘江等五大水系。元代又将弓形运河改为南北直行，形成了现在 1794 千米航程的运河路线，称为京杭大运河。

京杭大运河北起北京，南到杭州，全程大致可以分为 7 段：通惠河段：北京至通县；北运河段：通县至天津；南运河段：天津南至山东临清；鲁运河段：临清至台儿庄；中运河段：台儿庄至江苏淮阴；里运河段：淮阴至扬州；江南运河段：镇江至浙江杭州。

京杭大运河的开通，直接有力地促进了我国古代南北地区经济文化的交流以及民族融合，特别是对"南粮北运"起到了至关重要的作用，成为古代中国最重要的南北交通大动脉。

拓展阅读

邗　沟

春秋时期末年，吴王夫差北上争霸，在公元前 486 年筑邗城（今扬州市），开通邗沟。最初南端自长江引水北流，向北绕经一系列湖泊，以较短的人工渠道相连接，航道弯曲，到末口入淮河。魏晋南北朝时期，由于自然条件的变化，江水已不能引入运河，于上游开支河从今仪征引江水通航，并在运河口建堰埭、水门节水，河上也建有多处堰埭。隋代两次重开此河，成为南北大运河中的重要一段。

相对于其他著名的运河，比如苏伊士运河、巴拿马运河等，京杭大运河不仅开凿时间比它们早 1000 多年，而且在长度上，也是其他所有运河无法比拟的。所以京杭大运河是当之无愧的世界第一长古运河。

▶ 世界上最宽的瀑布——伊瓜苏瀑布

在南美洲地区，巴西和阿根廷的交界处，有一条河，叫伊瓜苏。它开始由北向南分隔两国，又忽然拐了个比 90 度还要大的弯，向东流去。这个弯拐得太大了，东边的地势毫无连续性，低了一大截。于是，就有了这个马蹄形的让人过目难忘的大瀑布。瀑布跨越两国，被划在各自国家公园中，每年有200万游客从阿根廷或巴西前来游览。发源于巴西境内的伊瓜苏河在汇入巴拉那河之前，水流渐缓，在阿根廷与巴西边境，河宽1500米，像一个湖泊。水往前流陡然遇到一个峡谷，河水顺着倒U形峡谷的顶部和两边向下直泻，凸出的岩石将奔腾而下的河水切割成270多个瀑布，形成一个景象壮观的半环形瀑布群，总宽度3000米至4000米，平均落差80米。

许多瀑布在中途被突出的岩石击破，使水流偏转而水花飞溅升腾，产生如彩虹幔帐般的景色。从瀑布底部向空中升起近152米的雾幕与彩虹辉映，蔚为奇观。

第一个探访该瀑布的是西班牙探险家巴卡。1541年，他将之命名为圣玛利亚，但后来瀑布仍保留其原名伊瓜苏。1897年，巴西军官巴罗斯构想在伊瓜苏瀑布建立国家公园。巴西和阿根廷在校正边界后建立两个分立的国家公园，每个国家各建立一个伊瓜苏国家公园。两个公园的建立都为了保护与瀑布有关的植物、野生动物和景观。

1984年，伊瓜苏瀑布被联合国教科文组织列为世界自然遗产。1986年，巴西伊瓜苏国家公园被联合国教科文组织作为自然遗产，列入世界遗产名录。伊瓜苏瀑布在伊瓜苏河上，沿途集纳了大小河流30条之多，到了大瀑布前方，已是一条大河了。伊瓜苏河奔流千里来到两国边界处，从玄武岩崖壁陡落到巴拉那河峡谷时，河水被断层处的岩石和茂密的树木分隔为270多个瀑布，跌落成瀑布群。由于河水的水量极大，在这里汇成了一道气势磅礴的世界最宽的大瀑布，其水流量达到了1700立方米/秒。这一道人间奇景，在30千米外就能听到它的飞瀑声。

世界上最著名的活火山——维苏威火山

火山分为活火山、死火山、休眠火山和海底火山。活火山是因为它们经常喷发而得名的，在活火山的地下，板块活动频繁，这是活火山频繁活动的主要原因之一。火山除了能喷出岩浆之类的物质，还能喷发出光、电等叫人不可思议的东西。

世界上最著名的活火山是维苏威火山，它位于意大利坎帕尼牙的西海岸。由于维苏威火山是火山中比较典型的火山，所以，世界上最大的火山观测站也设在了这里。

知识小链接

火山爆发也有益处

火山爆发造成了人类的物质财产损失，对自然景观的影响也十分深远。但是，火山爆发给人类带来的并不全是害处。如果火山爆发能给农田盖上 20 厘米厚的火山灰，这对农民来说可真是一件大好事，因为火山灰中的养分能滋养土地，使之更肥沃。

在意大利的远古传说中，维苏威火山是一座截顶的锥状火山。在它的火山口内，周围是长满野生植物的悬崖峭壁。火山口的底部寸草不生，是比较平缓的平地。火山口外缘的山坡，覆盖着适合耕种的肥沃土壤，在维苏威火山的山脚下就是庞贝古城的遗址，它曾经和庞贝古城遥相互望。

在公元前维苏威火山有过多次喷发，但是由于当时没有详细的记录，所以，公元前维苏威火山具体喷发了几次就不得而知了。这种情况持续到了公元 63 年，维苏威火山有了一次比较大的喷发，给附近的城市造成了巨大的损失，人们逐渐开始重视它了。从这次喷发起直到公元 79 年，常有小规模的喷发，至公元 79 年 8 月喷发逐渐增多，最终发生了强烈的火山大喷发。这次大喷发，摧毁了大名鼎鼎的庞贝古城，埋葬了城里的 2 万多人，同时，还摧毁了其他几座有名的海滨城市，如赫库兰尼姆、斯塔比亚等。直到 18 世纪中期，考古学家才把庞贝古城从厚厚的火山岩石中发掘出来。古城的建筑和姿态各异的尸体都被完整地保存了下来，这一史实已为世人所熟知。如今，庞贝古城已经成了意大利著名的旅游圣地。

地球最深点——马里亚纳海沟

马里亚纳海沟位于菲律宾东北、马里亚纳群岛附近的太平洋底，亚洲大陆和澳大利亚之间，北起硫黄列岛、西南至雅浦岛附近。其北有阿留申、千岛、小笠原等海沟，南有新不列颠和新赫布里底等海沟。全长约 2550 千米，为弧形，平均宽 70 千米，大部分水深在 8000 米以上。最大水深在斐查兹海渊，约 11034 米，是地球的最深点。这条海沟的形成据估计已有 6000 万年，是太平洋西部洋底一系列海沟的一部分。

如果把世界最高的珠穆朗玛峰放在沟底，峰顶将不能露出水面。不少的登山家成功地征服了珠穆朗玛峰，但探测深海的奥秘却是极其困难的。1960年 1 月，科学家首次乘坐"的里雅斯特"号深海潜水器，首次成功下潜至马里亚纳海沟底进行科学考察。海沟底部巨大的水压，对于人类是一个巨大的挑战。深海是一个高压、漆黑和冰冷的世界。令人惊奇的是，在这样深的海底，科学家们竟然看到比目鱼和小红虾在游动。

马里亚纳海沟位于北太平洋西部马里亚纳群岛以东，为一条洋底弧形洼地。主海沟底部有较小陡壁谷地。一般认为海洋板块与大陆板块相互碰撞，因海洋板块岩石密度大，位置低，便俯冲插入大陆板块之下，进入地幔后逐渐熔化而消失。在发生碰撞的地方会形成海沟，在靠近大陆一侧常形成岛弧和海岸山脉。这些地方都是地质活动强烈的区域，表现为火山爆发和地震。